U0013909

突破同溫層的社群人脈學

把自己當作平台，建立有效人脈網

世界のトップスクールだけで教えられている最強の人脈術

平野敦士卡爾
HIRANO ATSUSHI CARL

劉宸瑀、高詹燦——譯

推薦序

すいせんのじょ

世界のトップスクールだけで
教えられている 最強の人脈術

突破同溫層的社群人脈學：
把自己當作平台，建立有效人脈網

推薦序

すいせんのじょ

透過人脈打造「你的專屬平台」

擔任獵人頭顧問的職業生涯中，常常有人提到關於轉換工作跑道的問題，包含如何跨行業別、如何轉換職位角色，或是透過人情介紹但發現不合適該怎麼做等等，其實，多數轉職問題都與「人」有關。在多年經驗中我發現，**全部的轉職問題都來自於「人脈圈影響思維模式」，同時也是決定職涯轉換成功與否的關鍵。**

科技進步其實也造成人脈圈的大亂鬥。過往認識人脈必須要走出去，但現在認識國際人脈只需要一支手機、一個平台，甚至一個線上活動，反而造成人與人之間的聯繫更加薄弱，而且忘了要培養交情。所以，在信任度微弱的個體之間，懂得建立與人之間的連結或個人品牌形象，成為二十一世紀的必備條件。

我很喜歡古人王通講過的一段話：

以利相交，利盡則散；唯以心相交，方能成其久遠。

這段話其實一語道破了現代人之間彼此的溝通模式。原則就是，**別人幫忙你之前，你是不是個值得被協助的對象？**書中舉出七個案例故事，非常經典、剖析透澈，且邏輯清晰，對於沒有長處、不知如何經營人脈的讀者非常有幫助。

假人脈都不算是資產

過去的你，是不是曾經跟朋友說過這些話：

最近很拮据，所以暫時不見面了……

最近很忙，有空我們再見面吧！

這些都沒有問題，但因為忙碌或為了省錢，而省掉了與人交流的機會，拚命存錢造成的機會損失，就在於人脈。而且，這些行為的前提其實是，**你被／把朋友放**

在心中排名第幾位而已。

出社會後，要面對工作、進修、家人、收入等等的問題，的確占掉生活中許多時間，反而忙到忘記人脈需要培養與經營。平時最常跟同事相處，只有偶爾跟老朋友來往，久了以後也忘了如何和新朋友聊天；於是漸漸封閉自己，出現初老症狀，空閒時只想宅在家。

然而，觀察周遭比較樂觀的朋友，通常朋友不會少到哪去，因為多與不同世代的人、較樂觀的人相處，其實會比較快樂（也老得比較慢）。**每個人都是一本書、一個故事，值得彼此分享，也是改變思維與建立人脈資產的關鍵。**這些人怎麼認識？活動中、興趣中、線上轉線下、朋友介紹。全部都必須做好時間管理，然後走出去；一週不要宅在家太多天，挑選合適的人脈圈，並去經營它。

從橋梁到樞紐與平台方，將個人當作平台來經營

在培養人脈上，你的目標群眾是誰？其實是不分年紀，但價值觀雷同的人。而所謂價值觀雷同的人，可能包含財務理念、興趣、目標相似者，這樣的人脈圈會有共同話題，才能湊在一起，共同成長，然後同步吸引其他價值觀雷同的人加入。透過這樣的方式，讓自己從橋梁，變成樞紐，進一步成為平台，或是中間人。

其實世界很小，要與自己想認識的人打聲招呼並不難，透過網路即可，而且別忘了，**網路世界要的不是學歷，而是扎實的經驗。**書中讓我印象深刻的「午餐聯盟」，也是我持續進行人脈連結的方式，正如本書所述：**午餐會是可以確認自己的波長和對方是否吻合的場合。**

假設你要寫一本書，可以邀請誰幫忙你寫推薦序？沒有就想辦法認識，網路陌生開發也可，反正信沒回你也沒有損失。假設你要舉辦一場活動，誰會自告奮勇當你的工作人員？沒有就想辦法先當別人的工作人員，過程中學習辦活動的眉角。如此一來，才有機會變成橋梁，進一步成為樞紐。

認識獵人頭顧問、中高階主管、跨產業的關鍵人物，都可以算是種人脈，在相對弱的連結中找出提升自己的力量，透過差異化與聚焦，增加個人在實際場合的出席率，重視每個實際會面的場合，甚至反覆定期出席，都有機會讓弱連結從線上轉成線下，加倍連結的契合度。

本書教讀者先從態度與思維轉換到目標設定、交流與學習，接著傳承，告知讀者，其實人脈戰略就在生活化的過程當中，只要願意花瑣碎時間規畫、參與活動，或是學習聊天的藝術，其實都有建立人脈平台的可能性，不愧是世界頂尖商學院的人脈教戰書！

江湖人稱S姐

推薦序
すいせんのじょ

個人品牌經濟風口——做你自己，就會是最好的你

謝謝遠流出版邀約我為這本書籍撰寫自己的一點人生經歷，邊看內容時其實邊質疑：「我擁有什麼價值，能為這本具備人脈知識與能量的好作品，寫推薦序？」後來我參透了書中的幾個觀點，並印證在自己的人生上，真實地感到共鳴與啟發。

本書作者平野敦士卡爾是哈佛商學院的特邀講師，同時擁有一流國際企業的歷練，不論學理或實務上，都相當具有說服力。我發現，**世上百百道理其實都是差不多的，但由誰來說出口，就能讓一句話的價值產生「質變」**——你，想成為這樣的人嗎？

我想！

先簡單介紹一下我的背景：

我是Karen，在網路上以「少女凱倫」稱號行走，不偏不倚趕上了九〇後的末班車，正職是媒體工作者。當過小編、記者，也從事過公關；卸下企業給予的職

稱後，我經營個人自媒體（Facebook、WordPress），更成為四個媒體的專欄作家（ETtoday、T談談、生鮮時書、《專案經理雜誌》），擅長撰寫職場、人生、社群行銷、人物採訪等內容；舉辦「跨界讀書會」，凝聚相同觀點的人，互相深度交流，成為彼此的人生夥伴。我的另外一項特別的經驗是，擔任全臺灣最大的互聯網自發性組織XChange品牌行銷組組長，與超過百位臺灣頂級優秀的海內外網路圈人才共事。

若用普世價值放大檢視，其實我不過是個研究所延畢兩屆、二十五歲才找到第一份工作、剛出社會三年半、還曾一年換過四份工作的某個人，社會上的他者攤開我的履歷表，大概會認為我是一個「沒定性的年輕人」。但，**還沒滿三十歲，我已經擁有屬於自己的平台，讓社會來不及為我貼上標籤，便已認同我的個人經營模式。**

我是怎麼做到的？

透過我的經歷可以發現幾件事情：

1. 做自己喜歡的事

2. 做自己拿手的事

3. 做社會所需要的事

同時擁有這三件事，讓我構築了自己的專屬平台，與本書中提到的觀點不謀而合，當我看到這個段落時才驚覺，原來我是這樣成為現在的自己。

我很喜歡寫文章，透過文字的梳理，讓我堅定思緒，更成為我抒發情緒的管道，這是我喜歡的事情，同時也是我拿手的事情。

因為家庭背景，從小我跟著媽媽創業，求學過程中協助家中的店面經營，有機會與大量不同社會階級人士接觸；後來當上記者，接觸更高階級的政商人士，培養了我的敏銳力、觀察力、整合力，並將細微、有感的事件，轉換成文字，這樣的內容為我的讀者帶來啟發與反思。

擁有實力是不夠的，「你，還得被人看見」。

過去有段日子，我找不到能討論深度觀點的朋友，後來我主動加入線下社群、找尋一起往前走的夥伴，很幸運的，我在XChange內所認識的人，都擁有強大的能量與實力，不只為團隊舉辦活動、經營品牌，在職涯人生迷惘碰壁時，還會互相拉抬、鼓勵、支持。

透過線下社群，短時間內，我有了與上百位互聯網強者接觸的機會，能在同個高度上討論還能做些什麼；這也是書中核心概念——「人脈是最強資產」。**但不管認識多少名人，能否讓他成為「商業人脈」才是關鍵，社交需要勢均力敵，因此必須不斷進步，才不致落隊。**

除了參加社群，我也開始自己「構築社群」，透過舉辦讀書會，讓每個人用20×20設計師交流之夜[1]的方式，結合書中觀點與人生故事來分享。其中印象最深刻的是一位成員，他有閱讀障礙，但為了能好好分享，人生第一次把一本書完整讀完。我發現，**把自己當成「橋梁」，讓單點人脈形成連結網，才能營造深度交流的機會，創造彼此的價值。**

1 **20×20設計師交流之夜** 一種演講形式，規則是每位講師上臺分享二十張簡報，每張簡報只有二十秒的分享時限，總共四百秒，透過簡潔的內容與緊湊的節奏表達自己的觀點。

有人會認為，做這些事情「很浪費時間」，但做一件事，除了表面上的目的之外，還可能是編寫一齣對他人帶來影響的劇本。

舉例來說，你熱愛學習，雖然不見得每一項知識都有用，但是你熱愛學習的態度看在其他人眼中，你會獲得尊重，尊重會帶來不可預期的成功。

你認真做每一件事，這每一件事本身可能價值都不大，但是看在他人眼裡，你會獲得信任，信任會帶來不可預期的價值。

經營個人品牌是誰也拿不走的價值與資產，若想在這個狹窄又窒息的社會中，挖鑿自我的容身之處，別猶豫了，起身吧！

少女凱倫（Karen Yang）──社會觀察家

序言
はじめに

世界のトップスクールだけで
教えられている 最強の人脈術

序言

はじめに

「人脈」，各位在聽到這個詞的時候，腦中會浮現什麼樣的印象呢？也許不少人會對此抱持負面印象。因為在日本看到這個詞彙時，多半會與「交換名片」「參加異業交流活動」扯上關係，背後又仰賴「熱忱」「氣勢」「交際能力」之類的特質來將其發揚光大，帶有強烈個人色彩而且積極熱血的微妙意涵。

另外，在現在這個社群網站（Social Networking Service, SNS）的全盛時期，看到熟人上傳與名人的合照來展示自己的「人脈」時，應該會有人感到欣羨不已吧？

本書所稱的「人脈」，與上述那些「日本式的人脈」完全是兩回事，我甚至打算在書中改變日本原有的「人脈定義」。畢竟在「百歲人生時代」[2]，這套「人脈」遠比金錢還重要許多。

我就直白地講吧！雖然「人脈才是『百歲人生時代』的重要資產」，但我卻從未看過以這種觀點寫成的商業書。不過，或許讀者們已經注意到，**在同一家公司待到退休已成罕見案例，也沒人知道自家公司什麼時候會因數位變革（數位的創造性破壞）而消失在歷史的潮流中**。即使如此，**現在自己身邊可稱為「人脈」的，卻只有自己公司的同事……**在這種狀況下，即使公司收掉了，自己還能繼續存活下去，就不光只是靠金錢，最重要的是「關係」，不是嗎？

再說，就算國家會對不動產或公司股份等資產課稅，但「名為人脈的最強資產」不是肉眼所能看見的，因此不會成為政府課稅的對象。這種人脈網絡一旦建立就不會消失，還會持續為我們帶來新的商機。

而且不僅個人，**對企業來說，未來「人脈」也將成為他們的最強資產。**雖然之後會在第一章詳細說明，不過在此先大致提一下：在大眾行銷的時代逐漸走向終結的時局下，今後的企業策略應該會逐漸朝向「會員化」發展。因此，要用什麼方式與「會員」建立聯繫，將是企業成敗的關鍵。

然而，要掌握真正的人脈，就必須擺脫前面所說的「日本式人脈」。**把人脈當作資產，是不可或缺的觀點，意即用科學的角度來掌握「人脈」。**

事實上，世界頂級學府早已從這種觀點出發，日夜孜孜不倦地研究人脈。研究人與人之間關係的「網絡理論」（Network theory），如今已在國外的商學院校中形成

2 **百歲人生時代** 意即人普遍能活到一百歲以上的時代。由林達・葛瑞騰（Lynda Gratton）與安德魯・史考特（Andrew Scott）在《100歲的人生戰略》（*The 100-Year Life: Living and working in an age of longevity*）一書中提出的長壽生活觀點。

一大潮流。

在本書中，一開始會介紹這些最先進的科學理論，藉此顛覆日本式的「人脈」概念。舉例來說，**那些高等學府所研究的「人脈」，完全與「受歡迎」「說話風趣」等個人屬性毫無關聯。**在介紹的過程中，也會出現一些一般人不常聽到的詞彙，不過一點也不艱澀難懂，所有內容都會附上具體實例來解說，請各位放心。

另外還有一樣東西，我想透過本書，連同網絡理論一起介紹給大家，那就是「平台策略®」（Platform strategy®）。我和當時身為哈佛商學院副教授的安德烈・哈奇伍（Andrei Hagiu）博士合著推出《平台策略》（東洋經濟新報社）一書時，是二〇一〇年。將近十年過去了，現在「平台」一詞已完全成為一個時代關鍵字。

聽到這個詞的當下，各位讀者或許會聯想到GAFA（谷歌〔Google〕、蘋果〔Apple〕、臉書〔Facebook〕、亞馬遜〔Amazon.com〕的開頭字母合稱）等大型ＩＴ企業吧？然而，隨著運用方式的不同，**平台不只能為企業提供助益，也會給予個人莫大的幫助。**該如何活用平台策略®來建立個人人脈呢？其實網絡理論與平台策略®之間關係匪淺，我們會先針對這些世界級水準的理論與策略一路談下去。

雖是這麼說，但本書的功用當然不只是介紹理論或策略而已，個人該如何完全活用這些理論與策略，來建構**「我的專屬平台」**呢？從具體的案例分析，到熟練掌握網路工具的使用方式，透過徹底的實踐，將這套方法論述流傳下去——我想，這才是本書的真髓。

大學畢業後，我進入日本興業銀行（以下簡稱興銀）工作。之後換到電信公司NTT Docomo上班，接著在商業突破大學（Business Breakthrough University, BBT）[3]擔任教授一職。經過這段歷程，最終我深深體會到：「理論是為實踐而存在，實踐才能創造真正的價值。」然而，這種結合人脈理論與實踐的書，卻尚未出現在日本這塊土地上。撰寫這本書，對我來說是極大的挑戰。

區塊鏈正是這類理論的象徵，所謂「從中央集權到分散共享」的世界趨勢並不會再度逆轉。其中，隨著科技的進步，像YouTuber這種單一個人便能賺進大把鈔票的意見領袖（對其他使用者的評論具有重大影響力的關鍵人物）也逐漸登場。

3 **商業突破大學**（Business Breakthrough University, BBT）二〇一五年設立，是第一所經日本文科省（類似臺灣的教育部）認可的遠距教學大學，校長即世界級管理大師大前研一。

原本只有「國家經濟商圈」「企業經濟商圈」的這塊土地，接下來正慢慢孕育出一種**「個人經濟商圈」**。在這種時代中確立「專屬於我的個人平台」，才是這「百歲人生時代」裡的最強策略——我堅信，各位在讀完本書時，會打從心底認同此事。

目次

もくじ

世界のトップスクールだけで
教えられている 最強の人脈術

第1章 為什麼人脈是比金錢更重要的資產？

なぜ人脈がお金よりも資産になるのか

第2章 這就是世界級的網絡理論

これが世界標準のネットワーク理論だ

第3章 名為平台策略®的最強武器

プラットフォーム戦略という最強の武器

第4章 從理論到實踐——7項研究案例

理論から実践へ——7つのケーススタディ

第5章 超實用！「我的專屬平台」構築法

超実践「マイプラットフォーム」のつくり方

最終章　打破日本的僵直網絡

日本の硬直したネットワークを打ち破ろう

第1章

為什麼人脈是比金錢更重要的資產？

なぜ人脈がお金よりも
資産になるのか

世界のトップスクールだけで
教えられている 最強の人脈術

必須要有「不管遇到什麼事都能活下去的力量」

「十年後，依舊過著和現在一樣的生活」，到底有多少人會對此深信不疑呢？我想現代人應該都能切身體會到，過去所不曾出現過的驚濤駭浪正在侵襲我們的生活。為什麼我們的未來如此無法預測，又這麼令我們坐立難安？我認為可以從歸納原因開始討論這個問題。

第一，企業環境劇烈變化。以前的日本奠基於終身僱用制，我們理所當然地在同一家公司工作到退休，退休後便拿著退休金悠然度過餘生。雖說「一億總中流」[4]現已漸漸變成一個過氣詞彙，但當時許多人相信自己的生活品質等於全日本人的平均水準。

但現況又變得如何？貧富差距愈來愈大，據說現今每六個兒童就有一個處於相對貧窮（即家庭所得不到該國所有家庭所得中位數的一半）的狀態。根據日本厚生勞動省[5]所公布的〈平成二十八年國民生活基礎調查〉，二〇一五（平成二十七）年，日本家庭的相對貧窮率甚至來到一五・六％。

很多人可能會突然驚覺，自己正身處彷彿托瑪・皮凱提（Thomas Piketty）在其著作《二十一世紀資本論》（*Le Capital au XXIe siècle*）所提出的「富者愈富，貧者愈貧」現象之中。

非典型僱用關係也是，一九九〇（平成二）年時不過二成，但如今成長到占全體勞工的四成左右。一九九五（平成七）年的家庭所得中位數為五百五十萬日圓，然而二〇一五（平成二十七）年卻僅剩四百二十八萬日圓，在這二十

圖1　非正式僱用人員的比例變化

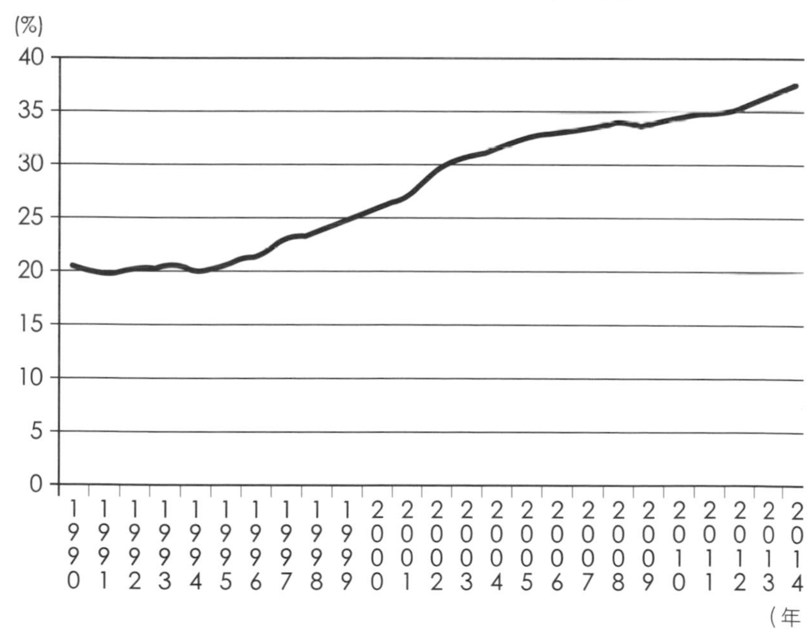

出處：日本總務省[6]統計局

4 **一億總中流**　日本總人口約為一億，因此以一億代指大部分的日本人，他們均為中產階級，是社會的中流砥柱，意即全民富裕。

5 **厚生勞動省**　類似臺灣的衛生福利部。

6 **總務省**　類似臺灣的內政部。

年內竟減少了一百二十二萬日圓。中位數並非平均值，此數值顯示占比最多的人獲得多少所得。若把富豪所得也算進去，那麼就算其他人所得較低，平均值也會被拉高，因此反倒是取中位數才更接近大眾感受。

少子高齡化的趨勢也並未停止。二〇一六（平成二十八）年，日本六十五歲以上的高齡人口來到三千四百五十九萬人，占總人口比例（即老年人口比率）達二七・三%，日本正邁入一個世界獨一無二的超高齡社會（日本內閣府《平成二十九年版高齡社會白書》）。年金請領年齡原則上也改成從六十五歲開始給付。我們應該注重健康並努力活得長壽，若非如此，那麼你至今所繳的年金保險就會變成國家的所有物。

厚生勞動省公布二〇一六（平成二十八）年日本人的「健康平均餘命」，男性為七十二・一四歲，女性七十四・七九歲，無論男女均列世界第一。健康平均餘命顯示一個人自立生活的年數，不包含受到照護和臥床等時間，因此與表示能過日常生活時間的平均餘命有所差異（二〇一八年三月八日《日本經濟新聞》）。

諸如此類的變化告訴我們：「今後的時代，必須在身體還有力氣動的時候，一直努力工作下去。」為達這個目的，最重要的就是讓自己擁有「不管遇到什麼事情都能活下去」的力量。終身僱用制事實上已趨於崩壞，許多企業也開始允許員工從事原先公司所禁止的副業活動。不久之前還天經地義地「仰賴一間公司存活」的人生，未來將成為稀有案例。

科技的大幅進步帶來僱用環境的劇烈變化

也不要忽略了科技的進步，它可是促進這種僱用環境變化的幕後推手。二〇〇六年，我在NTT Docomo負責推廣「錢包手機」[7]，當時很多人都說：「沒人要用電子錢包啦！」「日本是一個現金社會耶！」

然而從那之後過了差不多十年，現在大部分日本人在小額付費上使用Suica卡[8]等電子票證，變得理所當然。根據日本銀行估計，二〇〇八（平成二十）年的電子

7 **錢包手機**　在手機中埋特製晶片，使其具備電子錢包功能，類似現在的行動支付。

8 **Suica卡**　又稱「西瓜卡」。日本的感應式ＩＣ卡，可儲值並且重複使用，等同於臺灣的悠遊卡或一卡通。

票證ＩＣ卡交易件數為十億五千三百萬件，交易金額為七千五百八十一億日圓；不過二〇一四（平成二十六）年就達到四十億四千萬件，交易金額甚至來到了四兆零一百四十億日圓（日本總務省統計局資料）。

對成長速度較快的犬隻來說，牠的一年等於人類的七年；從這層意義上衍生，我們將劇烈的科技變革稱為「犬年」（dog year）。當然，不只過去十年如此，未來的十年也應以更快的速度變化。加拿大總理賈斯汀・杜魯道（Justin Trudeau）在二〇一八年的世界經濟論壇（又稱達佛斯論壇；World Economic Forum）上留下了這樣的名言：

> 過去未曾有過像現在這樣變化步調快速的時代。但是，今後應該也不會再有像現在這般變化緩慢的時代了。

彷彿從根本顛覆至今以來的世俗常識一般，世上陸續誕生了人工智慧（ＡＩ）中的深度學習（Deep Learning）、物聯網（Internet of Things, IoT；意即物件之間的網絡）、大數據、虛擬貨幣、區塊鏈等新科技。

如上所述，隨著科技的進步，以前認為一般的「職業」如今竟不見蹤跡，這個現象在財經雜誌上引起了熱烈討論。於牛津大學進行AI研究的副教授麥可・奧斯本尼（Michael A. Osborne）與研究員卡爾・佛雷（Carl Benedikt Frey），在他們的論文〈就業的未來：哪些工作容易因電腦化而消失？〉（The Future of Employment: How susceptible are jobs to computerisation?）中提出：「今後約十到二十年內，美國所有就業人口中四七％的人，其工作被自動化的風險很高。」想必許多人知道，這項令人震驚的預測引發了多大的話題熱潮。

據他們所言，由於機器人與人工智慧的普及，未來十年內，銀行櫃檯行員、貸款專員、稅務代理人、會計師、電話客服中心的客服人員、駕駛員等職業，很有可能逐漸消亡。畢竟現在可以透過大數據分析情報，再與物聯網感測器所收集到的數據結合使用。這些原本由人類研究分析的工作將被電腦所取代，因為電腦遠勝於人類，能在更短的時間內有效處理這些工作。

感測器包括以攝影鏡頭辨識圖像與溫度感測等類型，即使人員不在場，這些感測器也會二十四小時自動測量與記錄數據資料，並持續進行分析工作。

金融界已形成一套機制，讓電腦分析比人類交易員更大量的新聞稿或決算報告等資料，並更快判斷投資標的。在財務規畫的領域中，還開始出現一種理財機器人——顧客只需在網站上輸入自己的資料，電腦理財顧問就會給予最適當的建議，例如融資業務，也出現可以立即分析資料，且判斷能否予以貸款的電腦。

這些科技的發展，自然而然使人類的工作變得不再必要，因此日本大型金融集團已經表示將裁員數萬人。法律界也一樣，美國法律界為了大量調查審判案件，開始提供用電腦分析龐大判例資料的服務，使得原本由一種叫作律師助理（paralegal）的助手職負責處理的支援工作逐漸消失。

「會生出財富的資產」是股票和不動產嗎？

這種種變化雖說是現在進行式，但要正確預測未來動向並不容易。不過，只有一件事情我可以胸有成竹地告訴各位——為了在這個既沒有正確解答，也沒有處方箋的時代掙扎活下去，我們需要一項過去沒有的「武器」。我想，應該可以用「資產」來替代武器這兩個字。

這裡所說的「資產」是什麼？是不管發生什麼事都能倚靠的「金錢」嗎？當然，用不著我來說，「金錢」在人生中是一種值得仰賴的存在。而說到「會生出財富的資產」，或許各位第一個想到的是股票或不動產投資。

股票投資所得的獲利，分為以配息為主的「利息收入」與買低賣高的「資本利得」兩種。另外，投資房地產或經營租屋公寓等投資型不動產，也是這種「自動產生收益的資產」代表，在這些投資上所獲得的財富，同樣分成每月租金收入型的「利息收入」與低買高賣的「資本利得」兩種。

也就是說，投資股票或不動產可能獲得利潤，但同樣有著蒙受損失的風險。事實上，股價暴跌和房價下跌的狀況也不是那麼罕見。

我在一九八七年進入興銀工作，當時銀行裡的前輩們藉由投資套房等方式，賺取相當可觀的利潤。然而在泡沫經濟破裂後，他們手裡只剩下負債。我在國高中上學途中常經過一間高級公寓，雖然在泡沫經濟時高達二十億日圓，但如今它的價位大概只有當時的十分之一，也就是二億日圓而已。如果有人為了買那棟高級公寓而付了頭期款一億日圓，恐怕到現在也還在償還債務吧！

拚命存錢所造成的「機會損失」

「投資果然有風險，還是儲蓄最好！」內心這麼想的人似乎也不在少數。不過，持續研究日本人與金錢關係的世界級管理顧問大前研一倒是直言不諱，他指出：

日本人的平均壽命，男性是八十歲，女性八十六歲；在退休後，可享受第二人生的時間約十五至二十年。因此，這個年齡階段的人口將是未來數量最多的層級。可是以日本來說，在政治和行政方面，熟齡市場只有在必須介入照護後才會開始。從退休賦閒到接受照護之前，這些精神飽滿的樂齡族屬於「行政空白地帶」。

而且，由於政府在年金制度和高齡人士僱用制度上朝令夕改，將來退休的人到底該工作到幾歲？他們什麼時候才可以領到年金？這些問題統統沒有答案。在這種狀態下，根本沒有人能規畫自己老後的生活。

問題是，日本的高齡人口似乎並不想使用手上的資金。畢竟他們生長在戰後貧窮的時代，如果手邊沒有錢就無法安心。結果，他們死後平均留下了三千萬日圓以上的遺產。

（二〇一二年九月二十一日、二十八日《週刊郵報》）

當然，我並不打算否定金錢的力量和口袋有錢的安全感。

雖是這麼說，但假如努力存錢只是單純「讓自己安心」，結局卻沒用到半毛錢便與世長辭……鑑於這種「機會損失」，各位不覺得以拚命存錢作為目標，是一件很不划算的事嗎？

人脈網才是「最強資產」

那麼，能在這變化劇烈的時代生存的最強資產，究竟是什麼？我會斬釘截鐵地回答：

人脈網才是最強的「資產」。

「人脈？你怎麼突然這麼說……」也許你會感到意外。這很正常，因為恐怕只要在日本提到「人脈」兩個字，腦中只會浮現這種負面印象：

為了建立人脈，必須努力出席跨業交流活動。

總之得跟各式各樣的人交換自己的名片。

一定要先增加社群網站的好友數。

以上這些行動與「毅力」一詞十分相配，而且就如我在〈序言〉裡說的，看到那些將自己與名人的合照上傳到社群網站來宣傳自己「人脈」的人，大概不少人會覺得無言以對。

獨立創業後，我參加過好幾次跨業交流活動，有時也會遇到很出色的人，進而受邀一起吃個飯，所以我沒有要全盤否定跨業交流活動的意思。我認為這種活動有益的地方，在於跟與自己興趣或價值觀相合的人聚會談天。找到與自己有共通點的對象時，就會興致勃勃，讓話題源源不斷。

反過來說，若是去參加那種單純以交換名片為目的，卻沒有特別主題性的跨業交流活動，那麼不管參加幾次也不會有什麼收穫。

另外，各位看到有人和名人合照並上傳到社群網站時，會覺得那樣的人很厲害嗎？可能有人會這麼想。但很明顯，不管認識多少名人，那位名人能否真的成為自己的「商業人脈網」，完全是兩回事。

一開始，本書就不把這些東西稱為「人脈」。原因在於，這些**「假人脈」**大部分都不算是「資產」。

在會計學術語中，「資產」指的是「一種屬於公司的經濟價值，可將貨幣當作標準來衡量，並且能期待它將來能為公司帶來收益」。不過，當我在本書中使用資產這個詞的時候，是帶有「它可以產生商業價值」的意思。**無論是對你，還是對你的對象而言，都能互相帶來商業價值的網絡，就稱為「人脈網」。**

從現在開始，本書所講述的「人脈」，對各位來說絕對是「最強資產」。當你還任職於公司時，它會使你脫穎而出；當你在這個前途茫茫的世界中立志轉職時，它將成為你的動力；即使是在你退休後預計展開另一段人生時，也能給予你意想不到的力量。

也就是說，此處我所指的「人脈」，不只現役商業人士必學，甚至可以說，它是一種從學生到樂齡族的高齡階層都必須學習的終極思想。

事實上，如同本書接下來打算介紹的內容一樣，已有世界頂尖學府的學者經由科學理論，證明這些「人脈」如何變成最強資產。但可惜的是，日本先前並不存在這類討論，又或是就算有介紹這種理論的書籍，也沒有任何實踐論述提到如何運用這些理論來改變個人的生存方式。

因此我認為，無論如何都必須將「人脈這個最強資產」的厲害之處告訴大家，才下定決心撰寫這本書。

名為人脈的資產無須支付稅金

我大學畢業後進入興銀任職，之後轉換跑道，在四十五歲時獨立創業。創業後，我打算「只靠做自己擅長、喜歡的事」活下去。我從複雜的人際關係中解放，不再需要在早晨的通勤高峰中浪費生命。規畫旅遊行程也不必擠在週末或連續假期等人潮擁擠的時段，只在平日出門即可。現在，我將東京都的住家和位於熱海公司的研習活動中心兩處作為工作與生活的據點。

雖然我仍有許多進步空間，但創業後十多年來的收入，比以前高出好幾倍。現在，我的工作內容有當管理顧問、演講、企業研修授課、個人研修授課、寫書、由部落格延伸的網路業務等等，跨越了多種領域。

其實這十多年來，我幾乎沒做什麼稱得上是業務性質的工作。基本上我很不擅長推銷自己，甚至可以說是個懶惰鬼。即使如此，我卻被商業雜誌介紹為「人脈達人」，工作機會紛紛找上我。有的工作是認識的人介紹而來，有的委託是寄到公司對外的郵件信箱，還有些是從部落格或社群網站而來。雖然我在大前研一擔任校長的商業突破大學任教，但與大前先生的見面也是以部落格為契機。

為什麼我沒有跑業務，卻依舊有著源源不斷的工作委託？這並不是因為我具備什麼特殊能力。

原因在於，我仰賴著前面提過的「世界頂尖學府所證明的科學人脈理論」。**我所有的工作「來源」，都是來自於這套人脈網。這套網絡一旦建立，所有資訊就會自動流通，並且直接連結到商業用途上。**

而且，這種「資產」厲害的地方在於，它不需要支付任何稅金。因為「人脈網」不是物品，肉眼也不可視，肉眼所看不見的東西自然無法課稅。

再加上，甚至不用花任何成本就能建構這套人脈網。業務員也好，自營業者也好，任何人都做得到。而且，一般的資產可能會被其他人或公司搶走，但這套人脈網卻是誰也奪不走的，它是專屬於你的私人財產。

幾乎可以免費建立，又不用課稅，而且產生無限的財富，還不會消失不見，這才是「人脈網」的精髓所在。

「獨特賣點」與本書教授的人脈術無關

「那到底是怎樣的思想，趕快教我們呀！」想必不少朋友會這麼想吧。具體理論會從下一章開始談，這一章我想先稍微說明一下本書所謂「人脈」的特徵。

日本的「人脈書」中，經常會呼籲各位：「創造自己的獨特賣點（Unique Selling Proposition，USP）！」獨特賣點一詞，原本是美國廣告代理商達彼思公司（Ted Bates）董事長羅瑟・瑞夫斯（Rosser Reeves）所提倡的廣告製作原則。瑞夫斯把「可與其他公司產生差異化，而且是自家公司或自家產品的提案」視為廣告的必備要素。該項產品或服務所擁有的專屬優勢，便是其獨特賣點。他將其定義整理如下：

①廣告必須有能向消費者提案的特色。只是羅列華麗辭藻的廣告，或是像櫥窗展示般花俏的廣告是不行的，應當對廣告受眾呼籲：「請買這項產品！你能從中獲得好處！」

②廣告企畫的提案，必須是其他競爭對手未曾提出的內容，或是他們想做卻做不到的主張。

③廣告企畫的提案必須強而有力，讓大多數消費者被自家產品所吸引。

經常被當作獨特賣點的代表例子，就是達美樂披薩的廣告詞：「剛出爐的披薩，三十分鐘保證送達。」雖然有不少披薩外賣業者，但達美樂披薩與其他披薩業者不同，他們向顧客訂下承諾，把外送速度列為最優先考量，將熱騰騰剛做好的披薩送到顧客手中；如果三十分鐘內未將披薩送達，顧客不用付錢也沒關係。總之，對於想早點吃到熱騰騰披薩的顧客而言，這句廣告詞可說是深得人心。

許多人脈書宣稱，要將這種獨特賣點套用在個人身上：「在派對的場合上，你與其他人有哪些差異？想要推銷自己，就必須向對方表示：『我會對你很有幫助！』請思考並實現自己的差異化。」

當然，我同意這些書中對於獨特賣點重要性的論述，但聽到這種理論時，大部分的人應該會因為「自己沒什麼強項」而感到氣餒吧？

請放心，本書接下來要說明的「人脈網」建立方式，與這種獨特賣點毫無關係。在本書中介紹的網絡理論（分析）學是人與人之間的聯繫方式，換言之，這種關聯性本身才是重中之重。反過來說，就是與一個人本身具備的特徵或能力沒有關係。重點是**「你與其他人之間該如何相處」**，至於你是不是一個很出色的人，完全不要緊。

就舉一個例子吧。比如說，你的公司打算和別間公司的某人接觸，這時候，如果那個人正好是你大學同學呢？就算只是傳達公司命令，你應該能比其他同事更容易接觸到那個對象。

擔任這種角色的人，在網絡理論中稱為**「橋梁」**。有關橋梁的能力，我們會在第二章詳細說明。如果你身處於橋梁的位置，就能讓你成為公司內不可或缺的成員。

我再複述一次，這一點與你是否優秀毫無關係。怎麼說呢？畢竟在人脈網中，你所處的位置才是提升你存在價值的因素。

活用手中的資產

再說一項本書的「人脈」特徵吧！或許有人會認為：「如果自己不在一開始就拿到大量名片，或是交遊廣闊，豈不是輸在起跑點了嗎？」然而，不管認識多少人，若無法連結到商業上，就與本書所說的人脈一點關係都沒有。

當然，身為一位有魅力的人，或是一名受歡迎的名人，朋友多是天經地義的，而且這件事本身也是件好事。雖然這麼說，但也並非只要是名人就擅長做生意。舉個例子，「曾經風靡一時，但如今卻……」的電視節目簡直就是經典。

換言之，在這裡，**人脈的人數並不重要。**

重要的是去建立這種人脈：**可以互相抱持信賴關係、可以一同推進工作、可以將自己的工作託付給對方，而且會向自己認識的人介紹這個人**。這並不是要讓各位毫無理由地去拓展現有人脈。反之，儘管已經有許多人具備這麼重要的人脈，若不去活用它，也可能會使寶藏蒙塵損壞。

說到「在商業上活用自己的人脈」，不知道為什麼，大家都會有「要從朋友身上詐錢」的負面印象，不過實際上並非如此；我認為，**「雙方均得益的合作關係」**會更貼近事實。比如說，假使你現在想要蓋房子，那該找誰諮詢比較好呢？在你這麼想的時候，如果有個可以信賴的建築師朋友，那該有多放心啊！就算沒有直接認識這樣的人，要是有朋友知道誰適合負責這件事的話，想必那位朋友一定會介紹那名建築師給你認識吧。

這時候，因為你已了解那名建築師的個性或評價，才能安心交給他處理。比起事先什麼也不知道的狀態，兩者之間的信任度差距應該相當懸殊。

另一方面，其實在這個時候，**你自己也正在受到別人的評價**。因為你的朋友真正了解你，例如對你的資金調度有某種程度的信任，不然他也不會把屬於自己資源的建築師介紹給你。然而，如果你老是到處欠債，還開口向別人借錢無數次，那麼你的朋友應該會嚇到不敢介紹人才給你吧！畢竟，若是遇到什麼不測，不只是你，就連介紹人的評價也會直直落。

我常向朋友介紹自己其他的朋友，畢竟我實際體驗過這一切。正如我現在所述，因為想建立互助合作的關係，才會像諺語「三個臭皮匠，勝過一個諸葛亮」那樣，人與人之間透過相識而引發化學反應，而這種化學反應會使人更加成長茁壯。

舉例來說，在我任職興銀時期，樂天的三木谷浩史總經理跟我在同一家投資銀行集團裡工作。為了向摩乃科斯證券（Monex）的松本大總經理介紹三木谷先生，我曾在大倉飯店（Hotel Okura）辦過午餐會。當時，樂天還沒上市，而摩乃科斯證券甚至不存在，尚處於松本先生描繪未來藍圖的階段。在那個場合聆聽松本先生對其事業構想的回憶，至今我仍歷歷在目。

現在回頭想想，我真是引薦了一群厲害的人啊！但我那個時候可沒打算從他們身上得到什麼恩惠。只不過我想，正是因為有過這樣的經驗，現在他們都成為超一流企業家，以結果而言，對我本身也有著商業上的正面反饋。

再說一次，你可能早已具備一套人脈網了——**學生時期的朋友、相同職場的熟人、客戶、在社群網站上聯繫的人等等，這些都是你從未注意過卻擁有的資產**，而本書將告訴你該如何善用這些資產。

對企業策略來說，人脈也是「最強資產」

先前提過，單一個人要在今後的世界存活下來，其最強資產就是「人脈」。其實不只個人，對企業來說也一樣。即使在考量未來企業策略的層面上，學習如何「把人脈變資產」也是非常重要的一環。

前面列舉過的人工智慧、物聯網、大數據、比特幣等虛擬貨幣、區塊鏈等等，隨著這些最新技術的登場，不只是個人，就連企業的策略也逐漸迎來巨大的轉捩點。這些科技的進步不但破壞了產業結構，也帶來了衝擊，甚至使產業出現大幅度的變化。數位變革的崛起，使得所有產業因數位化而受損，不同的競爭者登臺較勁，重新構成產業本身。

這種數位化趨勢所引起的，是製造業的服務化。在這塊領域中受到矚目的，是隸屬德國政府國家計畫的工業４．０（又名第四次工業革命：Industry 4.0），與在美國被稱為工業網路（又名工業型網際網路：Industrial Internet）的兩大潮流。

被德國政府當作製造業革命來主導的「工業４．０」，是打算將其視為繼第一次工業革命（十八世紀蒸汽機工廠的機械化）、第二次工業革命（十九世紀藉電力的運用，使生產大量化）、第三次工業革命（二十世紀隨電腦操作出現的自動化）之後的又一次革命。具體來說，就是智慧工廠的實現。大致上可說是這樣的策略：透過在工廠中引進感測器或攝影機等物聯網技術，將機器的運作資料或設置場所的溫濕度等資訊作為大數據收集起來，在機器性能降低時以人工智慧進行檢測並修理，使生產效率提升。讓國內的工廠恍若一體般有效率，如此一來，就算是人事費用高的先進國家，也能和成本便宜的發展中國家競爭。

另一方面，美國物聯網策略中最吸引人目光的，是世界最大複合企業通用電氣（ＧＥ）的工業網路。該公司把它定義為「一個開放的全球性網際網路，將工業機器、大數據與人連結在一起」。其想法是，藉由網路將機器連接起來，並收集各式各樣的數據，再分析這些數據資料，好為顧客提供價值。

舉例來說，通用電氣的飛機引擎上裝了感測器，如果引擎在飛行中發生任何狀況或有可能故障時，機師就能瞬間掌握這條資訊，而且可以在飛機著陸後馬上送去給通用電氣的工作人員檢查或維修。換言之，通用電氣並非像以前那種「賣出商品就結束」的商業模式，可以說他們正在計畫轉換成「售後也透過獲得顧客資訊來改善商品，提高顧客滿意度」的模式。因此在二〇一五年，通用電氣徵用一千名以上的網路技術人員，並於矽谷設立了通用電氣數位研究所。

讓我們也從「製造業服務化」的觀點，舉一個日本的例子吧。重型機械的領頭企業小松製作所（Komatsu），二〇〇〇年在重型工程機械的引擎上搭載GPS（全球衛星定位系統）與感測器，藉此收集即時資訊，將機械的位置資訊、運作狀況、剩餘燃料量，構成一套簡明易懂的規則——「KOMTRAX系統」。藉著這套系統，重型機械已形成一系列的網絡關係，透過即時運用情報資料，實現機械裝置的高效化與操作上的優化；換句話說，它從「單純物品」變成了「情境體驗」。

今後，製造業大概會更進一步往這種商業模式靠攏：藉由網路建立機械之間的聯繫，將它用來收集銷售後的顧客資訊，再以數據分析來優化產品，進而提升顧客滿意度。

這是一個現在可預期，同時也應該會確實到訪的未來。到時不用說服務業，連同製造業在內的所有產業都會往**「顧客會員化」**進化。這才是我這句話的真意——「將來人脈也會成為企業的最強資產」。

「顧客會員化」中不可或缺的「顧客終身價值」

在思考「顧客會員化」時，有一樣重要的概念，那就是顧客終身價值（Customer Lifetime Value, CLV）。這是一種行銷指標，可計算出「在一名顧客的一生中會如何向我方購買產品」。

它的算式是，用顧客至今的消費總額減掉為了維持這名顧客所使用的費用而得到的利潤額，即該名顧客的終身價值。比如說，顧客年消費額為一百萬日圓時，收益率為五%；若持續消費十年，一百萬日圓×五%×十年＝五十萬日圓，這五十萬日圓就是他的顧客終身價值。

要提高顧客終身價值，就必須增加顧客購買單價或回購率。也就是說，重要的不是去追求眼前的利益，而是建構長期的信賴關係，努力降低顧客流失率（解約率）。不僅要在招徠新顧客上投注心力，還得注重如何讓現在的客戶滿意，促使他持續使用該產品或服務。可以說，如今這件事的重要性在以前不曾有過。

從這個角度來看，**訂閱型（定額型）的商業模式在美國正備受關注**。這種會員服務是以事先準備的問卷調查等資料為基礎，將裝有固定額度的書、浴鹽、藥草茶的箱子送達會員手中，讓人享受「邊悠閒泡澡，邊讀書」這種極致幸福的放鬆時光，因此也稱為**「生活提案型服務」**。

每個月寄送相同物品的這種定期購買服務，在郵購上是常見的手法。不過，訂閱型商業模式的創新之處，在於由寄送者為這個人量身打造，選出適合的書、服裝、食品來寄出。對於完全不知道會寄來什麼的消費者來說，想必一定會對商品送達的那一天滿心期待吧。這種驚喜感才是新型會員行銷的特色。

網絡理論與平台策略®

將來的企業競爭力，或許將取決於是否收集大量數據，並用這些大數據來進行分析，對產品和服務的開發予以回饋，甚至是顧客自己把產品或服務的評價以病毒式行銷（像病毒一樣飛快擴散的口碑評論）的方式宣傳出去。谷歌、蘋果等ＩＴ企業在人工智慧上投注心力，就是為了正確分析這些數據資料，以建構出可以提供最佳服務的演算法（algorithm）。

更進一步地說，**為了實施並順利完成這套「顧客會員化」的模式，「平台」將是必不可少的東西。**

因此，才會出現平台這個嶄新的詞彙。二〇一七年年末，全世界企業的市值排行榜前五名為：第一名蘋果、第二名Alphabet（谷歌的控股公司）、第三名微軟、第四名亞馬遜、第五名臉書。

這些企業共同的策略是現在非常有名的企業策略理論——平台策略®。正如前述，我與時任哈佛商學院副教授的安德烈．哈奇伍博士合著的《平台策略》早在二〇一〇年出版，不過從那之後過了將近十年，平台策略®才變得這麼有名。

簡單來說，平台策略®指的是以一個「空間＝平台」承載相關企業或集團，藉此建構新事業生態系統的經營策略。

這裡，我們就把網路購物中心「樂天市場」當作「平台」的案例來解說吧。

樂天本身並未銷售物品，而是在「樂天市場」這個空間聚集許多想賣東西的小型商店。

憑藉商品魅力來創造口碑，並將這種集客力作為武器，在擴增新店面數的同時，也將吸引來的會員連結到毛利率高的自家產業上，這一系列流程的建立，可說是樂天的成功要素。因此重點是，要將資訊、人潮、資金……所有東西都集中在平台上。

圖2　「樂天市場」的商業模式

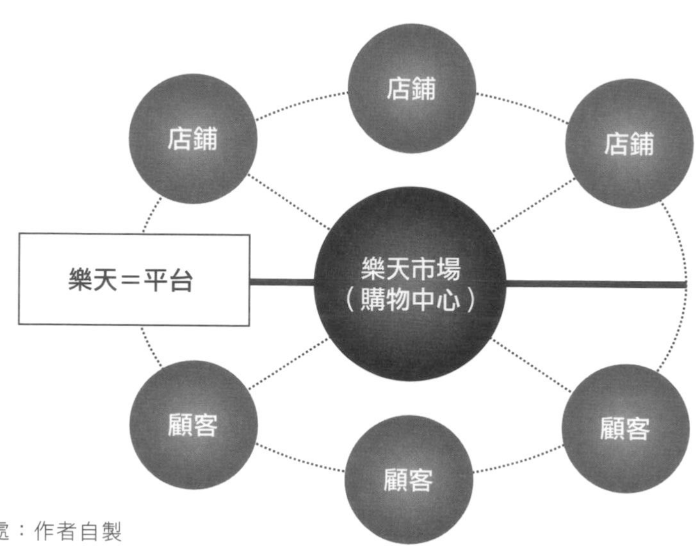

出處：作者自製

如果要談論這種策略與本章一開始介紹的網絡理論之間的關聯，那就是**「該採用什麼樣的策略，打造『軸心』的位置，好進一步鋪展聯繫人與人關係的橋梁」**，平台策略®將給予各位一個明確的方針。就學問領域來說，網絡理論主要是依社會學來讓網絡本身的規則更加一目瞭然；平台策略®則主要是根據管理學或經濟學，來傳授能讓自己以最大限度活用這套網絡的「策略」。

在世界各地萌芽的「個人經濟商圈」

我一直重複強調，未來世界據說所有產業都會走向「會員化」。眼前這個朝向「會員化」發展的世界，我想會是以國家為中心的「核心型經濟商圈」迎來終結，以個別企業或個人為中心的「分散型經濟商圈」則獲得力量的世界吧！

即使是現在，也早就存在「谷歌經濟商圈」「亞馬遜經濟商圈」「樂天經濟商圈」等由企業平台自行獨創的經濟圈了。一九九五年，以網路販售書籍來開展事業的亞馬遜，其付費會員（Amazon Prime）數聽說已達到全世界一億人。

付費會員這種會員制方案，美國從二〇〇五年開始實施，日本則是自二〇〇七年開放。這種方案可藉由一年支付九十九美元，享受免運費或電影無限觀賞等多項優惠。由於我也是會員之一，我想更進一步指出，只要你煞費苦心付了會員費，就會開始想去亞馬遜買東西，如此一來，便漸漸構成一個「亞馬遜經濟商圈」。

這些企業型經濟商圈蓬勃發展的同時，「個人經濟商圈」也開始冒頭。隨著以社群網站為首的科技進步，單一個人將擁有過去所不曾有過，而且是有史以來最龐大的力量。在電視等主流廣告不像從前那樣獲得信賴的狀態下，現今能對消費產生巨大影響的，是所謂的「意見領袖」。在日本，自部落格熱潮崛起後，所謂的人氣部落客（Alpha blogger）、最強部落客（Power blogger）一一登場，意見領袖這個詞也變得膾炙人口。

其後，透過智慧型手機和社群網站的普及，來自以圖像或影片為主的Instagram（IG）和YouTube的新意見領袖也逐一登臺。這些意見領袖將自己的想法發布在自己的社群（換句話說就是「自己的平台」），藉此慢慢建立起「個人經濟商圈」。

綜上所述，企業、個人等五花八門的經濟商圈雜糅在一起的世界誕生了。我認為在這個世界中，**無論是企業或是個人，只有強烈意識到網路的重要性，同時也建造了屬於自己平台的人，才有辦法獲得勝利的果實。**我將之命名為「我的專屬平台」，並且想將這套方法傾囊相授——如何在這個前路茫茫的不安定世界中，建造「我的專屬平台」。

讀完本書，你就能成為「人脈達人」

對個人也好，對企業也好，今後，人脈網都將成為最強資產。

不知道經由我的說明，各位是否理解這件事了呢？在本章最後，我想先簡述後面的章節結構。

在第二章，我將以國外社會學家們的研究成果為核心，介紹世界最先進的網絡理論究竟是什麼樣的東西。或許會出現許多各位不曾聽過的概念，不過我會盡可能搭配具體實例，用簡單易懂且細心周詳的方式說明，所以完全不難。

第三章裡，我會講述平台策略®的相關內容，它與網絡理論也有些重合的關係。這些內容，可以說是二〇一〇年我與哈奇伍博士一起出版的《平台策略》的二〇一八年版[9]。如果你對平台感興趣，即使只是這一章也有閱讀的價值。

9　本書日文版於二〇一八年九月出版。

在第四章，個人要如何靈活運用這些網絡理論和平台策略®呢？我會就這個主題，介紹七個研究案例。舉例來說，「會成功的人是誰？」「該怎麼做才能主持一個讀書會？」這些簡單的問題背後，也存在著明確的理論依據，想必會令各位讀者大吃一驚。

第五章中，根據前述所有章節，我想詳述個人與企業該如何建構並運用「我的專屬平台」。在〈序言〉裡我說過，這本書的特色不只是介紹理論而已，最後還有實踐。在這一層意義上，或許可以說第五章才能發揮本書的真正價值。

然後在最終章，關於很難回推到世界網絡理論，只有日本這個國家才有的獨特關係性，我也想就此展開一番討論。統一錄用新人、同屆關係、終身僱用、屆齡退休……從這些日本獨有的公司制度，到世界大戰特別攻擊隊（特攻隊）的思想，與其他國家的人比起來，日本人偏好極端的同質性，是一群採取共同行動的人，這一點毋庸置疑。

日本人的這種行為原理的背景是什麼？在介紹論述日本名著的同時，藉由引用這些真知灼見，來理解「日本人的網絡原理」。我想，在這個逐漸全球化的世界中，這是一種有助於我們客觀檢視自身的日本人式行為，並予以改善所不可欠缺的觀點。

只要各位願意將本書讀到最後，應該會深深相信我現在所說的「人脈網才是最強資產」這個事實。同時在這一刻，各位讀者便已成為一名「人脈達人」了。

第2章

這就是世界級的網絡理論

これが世界標準のネットワーク理論だ

世界のトップスクールだけで教えられている最強の人脈術

第2章 這就是世界級的網絡理論

成為我人脈基石的世界級理論

想從今後的時代脫穎而出，建立人脈網是不可或缺的一環，上一章已經將這件事告知各位了。而在本章，則要介紹世界最先進的網絡理論，這套理論也可以說是建立人脈網所必須具備的基礎知識。那麼，到底網絡是什麼？恐怕大家對這問題的答案仍舊茫然，不過我認為，在讀完本章後，這片迷霧就會豁然開朗。

我衷心感謝許多人的幫助，才有辦法在四十五歲創業，並且堅持至今。當然，這段期間我也累積了各式各樣的努力和經驗，儘管曾失敗過，但畢竟這一切都是我自己下的決定所帶來的結果，同時也使我在獨立創業後，第一次萌生「所有責任都屬於自己」的強烈自覺。

在當上班族時，我身為「興銀的平野」或「Docomo的平野」，與無數對象交流。然而從我獨立那天開始，大企業品牌的光環就消失了。在那之後，我什麼招牌都沒有，開始以「平野」這個個人身分奮鬥。

大約有三成的人離我而去，感覺就像是被粗魯地剜去了一大塊。當我是「興銀的平野」「Docomo的平野」時，只要寄出電子郵件很快就會回信的那些對象，變得杳無音訊。

我那時很沮喪，而且悲從中來，心想：「果然我身上沒有半點價值嗎？」不過，反過來站在對方的立場思考後，我產生了這樣的疑惑：**「那些因為隸屬於大企業而找到存在價值的人，在『成為自由人』之後還能發掘不同的價值嗎？」**我想應該相當困難吧？所以我也就理解了他們的做法。

在這段過程中，我也遇到許多值得高興的事，比如有人邀請我去他們公司任職。但是，一旦嘗到不必通勤，又能隨自己的喜好利用時間的自由，就無法再回到從前了。更令我慶幸的是，就算沒有大企業的招牌，但在創業三年後，我慢慢開始被主流商業雜誌介紹為「人脈達人」。

我能建立起這些人脈的原因之一，就是我在此時才想開始搞清楚的研究領域——策略管理論與網絡理論。我在建構個人人脈網時，總會參考這些全世界的優秀學者孕育出來的理論。

18世紀誕生，如今成為知名理論

首先，就從網絡理論的定義開始吧！所謂網絡理論，有人定義它為「研究存在於現實世界中，巨大而複雜的網絡特性的一種學問」。這是一塊以社會學家為核心，協同數學家、心理學家等各種範疇的學者日夜努力研究而成的領域，也常有人用「網絡分析」這個詞來稱呼它。

英文中的網絡（network），是網或脈絡的意思。我們周圍擁有數量繁多的網絡，不只是本書書名的「人脈」（人與人之間的聯繫），從電網、航網、廣播網、電話網等公共建設，到網際網路，甚至是人類的神經細胞、食物鏈、生態系、傳染病的感染途徑等等，這世界存在著無數的網絡。

這些網絡的構造雖然複雜，其實仔細觀察會發現它們具備「一定程度的共通特性」，這一點早已透過研究證實。搞懂「某事物與某事物的關聯性」具備「一定程度的共通特性」，也相當有益於理解人脈網的建構方法。

回顧歷史，會發現與網絡理論相關的研究，最早可以追溯到十八世紀誕生的天才數學家尤拉（Leonhard Euler）所提出的著名理論「圖論」（Graph Theory）。圖論中所提到的「圖」，其意義與我們日常所用的長條圖或折線圖不一樣。

例如，各位讀者經常看到的鐵路路線圖，上面不會那麼嚴謹地考慮實際的方位或距離，而是盡量單純化和抽象化，即使如此，這種路線圖還是很有幫助。這是因為我們可以從圖中得知一些資訊，例如山手線上的東京車站離上野車站有幾站遠、搭車要花多少時間，以及如何在東京車站轉乘丸之內線地下鐵等等。車站之間的實際距離到底有幾公里遠、這條路線嚴格來講到底是往哪個方向，這些細節都不是什麼問題。

換言之，這張路線圖的重點，只有「點」所代表的事物（在這個案例中指的是「車站」）如何連結其他的點而已。由這些「點」與連接它們的「線」所繪製而成的圖形，尤拉稱之為「圖」。

這時，「點」的位置為「節點」（node），節點與節點之間連接的線叫作「邊」（edge）。接下來就如圖3所示，當每一個節點都透過邊與其他的節點連接起來時，這張圖就叫作連通圖；除此之外就稱為非連通圖。

圖論就是像這樣表示並研究節點連結關係的學術領域。

關於尤拉，有個非常著名的問題——「哥德尼斯堡的七橋問題」。「哥德尼斯堡的七橋問題」讓人思考出一條散步路線，這條路線必須一一經過哥德尼斯堡（現俄羅斯境內的加里寧格勒）中橫渡普瑞格爾河的七座橋，最後再回到出發點。

而尤拉就以城區為「節點」，並將連接城區的橋視為「邊」，想出了圖4的圖案。這個找出散步路線的問題，於是轉變為能不能「一筆畫完」這個圖的數學問題。

圖3　連通圖與非連通圖的差異

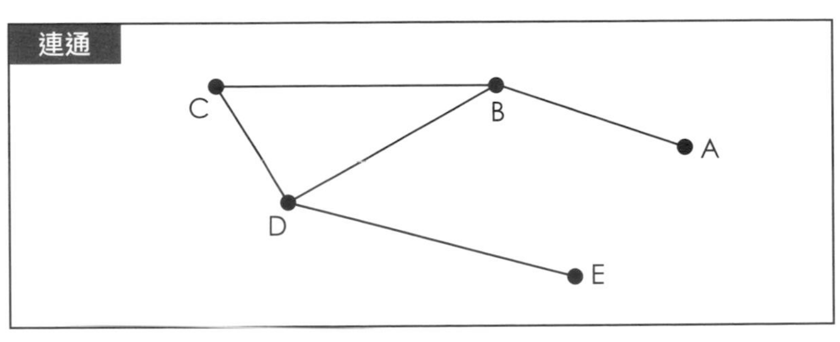

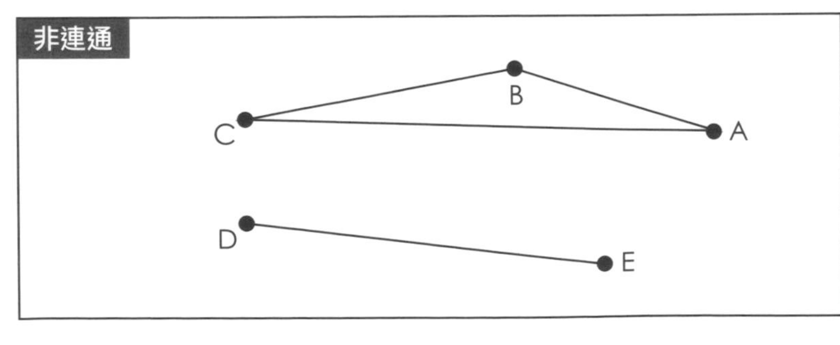

尤拉因此證明了這項定理：「如果從各個節點延伸出來的邊數，都是偶數，或者兩個節點的邊數是奇數、其他節點的邊數是偶數，就存在著可以連通全圖的遊覽路線。」結論是，在只經過一次的情況下，逐一通過哥德尼斯堡內普瑞格爾河上的七座橋，再回到原點的散步路線是不存在的。

從尤拉研究的時代往後推移，一九六七年，美國社會心理學家史丹利・米爾格蘭（Stanley Milgram）在《今日心理學》（*Psychology Today*）雜誌上發表一篇名為〈小世界問題〉（The Small World Problem）[10]的論文。

這篇〈小世界問題〉的論文，是米爾格蘭的一場實驗。他從堪薩斯州和內布拉斯加州的居民之中隨機抽樣三百人，並遞給他們一封信，要他們交給住在麻薩諸塞州波士頓市的

10　〈小世界問題〉（The Small World Problem）　這套理論又叫作「小世界效應」或「小世界現象」。

圖4　哥德尼斯堡的7橋問題

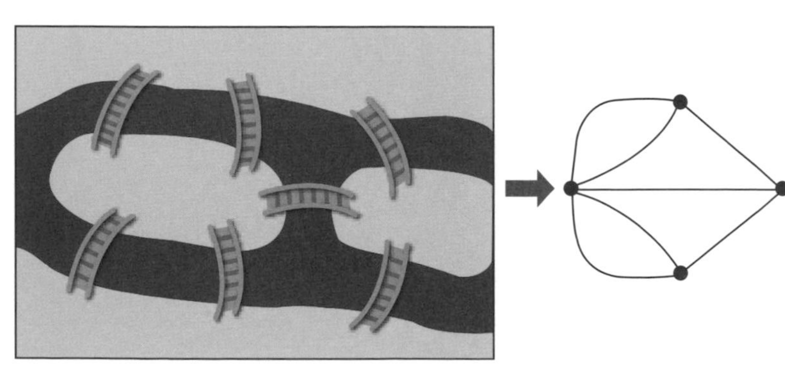

收件人，而這些收件人與這三百人並無直接認識的關係。抽樣的三百人不能透過郵局寄件，而是要委託熟人（會互相稱呼名字的親近之人）轉交來送達，然後再調查他們必須透過多少中間人經手才能達成目標。

這個實驗的結論，簡而言之就是「世界很小」。為什麼世界很小？其實這件事也與接下來要講的「弱連結的力量」「橋梁」等其他網絡理論密切相關，這些內容都會在本章的後半段論述。

在那之後，一九九八年，當時仍是康乃爾大學學生的鄧肯・華茲（Duncan J. Watts）與他的指導教授史特羅蓋茲（Steven Strogatz）的論文〈小世界網路的集體動力學〉（Collective Dynamics of Small-world Networks）刊載於《自然》（*Nature*）雜誌上，引起了廣大的迴響。

華茲從蟋蟀發情期叫聲的研究中發現「連環同步現象」，而且還察覺到，這與電影演員的共演者網絡或電纜網路、線蟲的神經網路等相通，都能以某種連通圖（網絡）的方式將其算式化、公式化。

這個名為「小世界模型」的數學模型，顯示它可以將擁有複雜特性、近似現實世界的網絡，轉化成超級單純的演算法。

以此為契機，不只社會學，連管理學、電腦科學、流行病學等眾多學術領域都一一跨學科展開「網絡」研究。於是在這項研究的啟發下，也開始關注現實世界網絡所具備的特質，而且陸陸續續在網際網路、食物鏈、論文被引用的關聯性關係、愛滋病（後天免疫不全症候群；ＨＩＶ）傳染病途徑等各種網絡之中，發現了它們的共通特性。

網絡理論不關心個人履歷

這麼看來，雖然網絡理論自十八世紀以來就已存在，但一直到一九九八年以後才迅速沐浴在眾人的目光下，所以應該可以說是一塊相當新的研究領域。同時，在建構人脈網的過程中，去了解網絡所擁有的共通特性，也是非常重要的事情。

走過這段歷史，接下來我們終於要介紹一個與本書書名「人脈」相關的代表性網絡理論了。

這時候，我們同時複習第一章的內容，也請各位回想起一件事——網絡理論「並不關心」此人的個人履歷。

舉個例子，假設各位讀者在臉書之類的社群網站上收到陌生人的「交友邀請」，你會怎麼做呢？

有些人只要對於不認識的人就全部無視；有些人可能會先看看申請者的個人資料，以此推測對方是什麼樣的人；有的人則會查看對方和自己有多少共同朋友、對方有哪些朋友，或是確認過對方的好友數和追蹤數再做決定。如果這幾項數據的人數多，或許對方很受歡迎也值得信賴，這麼一想，就算現實中不認識，大概也會接受對方的「交友邀請」吧？

這正是網絡理論的本質。雖然我可能有點囉唆，不過所謂的網絡理論，就是著眼於某人與其他人之間的聯繫，比如這個人的朋友關係，藉此了解這個人本身的一種學問。換言之，也可以說它是**「透過分析羈絆來理解對象（人或物）」**的學問。

那麼，為什麼網絡理論不在意對方的個人履歷？這是因為網絡理論認為，跟性別、年齡等先天要素，以及學歷、工作經歷、經驗等後天要素相比，這個人與其他人之間的關聯——也就是網絡——才是對其行為產生巨大影響的要素。

另外還有一件事，讓我們回顧一下網絡理論裡面對於目標對象關係的表現方式，這在前面的「圖論」中介紹過。這種關係可以用點和線來表示；點叫作「節點」，連接節點與節點之間的線稱為「邊」，這也跟前面說明的一樣。由這些節點和邊所建立的聯繫，又叫作「紐帶」（tie）。再更進一步，以節點和邊所構成的網絡全圖，稱為「社交關係圖」（sociogram）。

像這樣，在基礎知識上立足後，我們探索網絡理論與「人脈」的旅程終於要展開了。

「弱連結」所帶來的驚人力量

一九七三年，美國的社會學家馬克・格蘭諾維特（Mark S. Granovetter）有一篇叫作〈弱連結的力量〉（The strength of weak ties）的論文問世，其研究成果對之後的網絡理論產生極大的影響，現在也堪稱網絡研究的金字塔。「弱連結的力量」指的是從一項實證研究推論出來的假說，該項研究是為了搞懂企業（雇用者）與員工（受雇者）間的媒合結構而進行的。

用一個簡單好懂的實例來說明。比如你正在考慮轉職，你會向什麼人尋求諮詢呢？應該是身邊可以信任的朋友或家人，又或是某個關係好的前輩吧？

然而現實情況卻是，從總是在身邊，而且經常交流資訊，又與自己處於相同環境的人身上，很難取得有用的情報；反倒是**「平常不怎麼聯繫的人」在轉職上所提供的情報，遠比熟人提供的有用。**簡單來說，這就是格蘭諾維特在「弱連結的力量」上的研究成果。

實際的調查在一九七〇年，對象是住在美國波士頓市郊外的二百八十二位白人男性。結果發現，裡頭雖然有五六％的人運用人脈網成功找到工作，但是從「薄弱人脈網」獲得情報而轉職的人，在轉職後的滿意度比從「堅固人脈網」得到情報而轉職的人還高。

格蘭諾維特以這件事實建立了一套假設：堅固人脈網內的資訊多半都是已知的東西；相對的，**從薄弱人脈網獲得的資訊則是未知又重要的。**也就是他發現到，有價值的情報在傳播時，比起家人、摯友、同職場的夥伴等堅固人脈網（強連結）來說，約略認識卻不熟的人，或朋友的朋友這種薄弱人脈網（弱連結）更為重要。

接著，格蘭諾維特還指出，弱連結也具有聯繫兩個強連結的功能，因此在資訊傳播上發揮了相當重要的作用。這一點我們也舉例說明吧。

假設你在A公司工作。A公司在策略上，無論如何都想與B公司有所聯繫，但很可惜的是，在A公司的員工中找不到認識B公司員工的人。不過，你恰好間接認識一名B公司員工，因為他跟你的兄弟是同學。如此一來，A公司要與B公司產生聯繫，就只有你可以當作橋梁，發揮作用。儘管B公司員工與你的關係只是兄弟的同學，關聯相當薄弱，即使如此也能構成A公司與B公司之間的聯繫，這正是橋梁的力量。

「弱連結」擁有這麼強的力量。雖然「強連結」的人脈網同質性高、向心力強，但這套人脈網中的人往往很難提出異議，而且外面的資訊也進不來，出現愈來愈孤立的現象。

請想像自己每天和同個職場的人一起工作，晚上一同去喝酒，就連住處也是同公司的宿舍……當然會因此產生一些優點，例如員工之間溝通更容易、孕育出凝聚力等等，但是很難與外面的人相遇，也難以取得新的資訊。在這種環境之中，就算你想選擇「只有自己不去喝酒」，也是需要點勇氣呢！

從這層意義上來看，是不是可以認為，能夠形成創新的組織，就是弱

圖5　橋梁範例

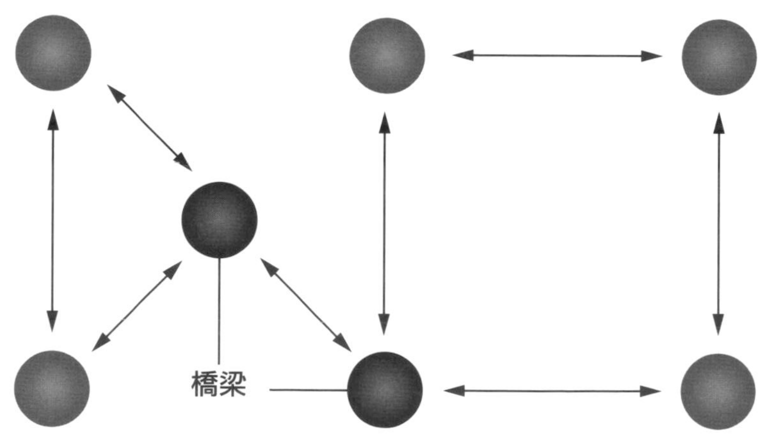

連結較多的組織呢？比如我隸屬於NTT Docomo時，誕生了全世界最先進的i-mode服務。這種革命性的服務會問世，很有可能是因為當時以總經理直接管轄的方式大量招聘外部人才，在重視自由創意之下進行研發。

事實上，一九九〇年代後期，日本的手機通話品質差到常常聽不到聲音，有時還會頻繁斷線。在這種情況下，當時的NTT Docomo總經理大星公二認為，未來將不只是有聲通話的時代，還是數據通訊的時代，因此下令時任的栃木分店店長榎啟一進行研發。

然而，當時公司內部沒有熟知網路服務或內容服務（contents service）[11]的人；於是，他藉由招募新人等管道來發掘外部人才，並設立一個叫作網間商業部的新組織。或許正是因為吸收外部人才，活用他們的技術和人脈，i-mode這項當時全世界最先進的服務才能誕生，還獲得巨大的成功。

11 **內容服務（contents service）** 提供行動通訊終端（如手機、ＰＤＡ等）瀏覽網頁內容的服務。

使我的人生大幅改變的「弱連結」

格蘭諾維特還說過，透過弱連結傳遞的情報很有價值。仔細想想，這也是理所當然的。儘管雙方是弱連結的關係，但畢竟特地採取聯絡，那項情報應該是很重要的東西。

以前面舉過的例子來說，你會特意聯絡一個你兄弟的同學這種沒什麼關聯的人，是因為有著A公司無論如何都想接觸B公司的背景。那麼，A公司當然會提供有價值的資訊。而從B公司的角度看也一樣，由於自家公司未曾有過這項資訊，多半會以價值同等的東西來交換，不是嗎？

對此，我個人的經驗印證了它的正確性。我離開工作了十三年的興銀，轉職到NTT Docomo的契機，其實是跟其他同行一起吃午餐時，偶爾聽見他們說：「Docomo好像正在擴大徵才喔！」

當時，我在投資銀行集團的專案融資部門，負責國外的發電廠建設、油管運輸、液化天然氣（Liquefied Natural Gas, LNG）開發等專案的金融業務。為了與其他銀行的人交換情報，我時常跟他們共進午餐。那時的我，雖然沒有想轉換跑道的強烈慾望，但從事專案融資的工作已經七年了，心中也有這樣的念頭：「差不多不光只是專注金融領域了，也可以在被評為『新時代聲音』的資訊通訊業務上，培養一些專業素養。」

當時的興銀地位很高，距離被瑞穗銀行合併還很遙遠[12]。我說要辭職的時候，理所當然受到銀行挽留，同事也對我說：「為何你要辭掉獨霸天下的興銀，跑去前途莫測的ＮＴＴ子公司啊？」當時的NTT Docomo是一間才剛誕生的小公司，手機也尚未完全普及。

然而，那時銀行周遭的環境，很少有像金融自由化下的呆帳問題等較為正面的話題。不僅跟同事聚餐時老聽到同樣的抱怨，印象中我自己也是滿腹牢騷，完全就像置身於格蘭諾維特所說的「強連結」之中，每天都過得悶悶不樂。

這時，從其他同行那裡聽到NTT Docomo徵人資訊的我，立刻去搜尋報紙的徵

12 日本興業銀行於一九〇〇年成立；二〇〇〇年與富士銀行、第一勸業銀行設立瑞穗金控（Mizuho Holdings）；二〇〇二年併入瑞穗銀行。

人廣告並且應徵。總共八百人應徵，最後只錄取五名。可以說我真的很幸運，能名列那五人之一。就這樣，透過這個弱連結所得來的情報，讓我今後的人生發生極大的改變。

弱連結與我的故事仍然繼續發展下去。

在那之後，我與曾任哈佛商學院助理教授（後來成為副教授）的安德烈．哈奇伍，一起設立一間名為網路策略（NetStrategy）的公司，專門舉辦顧問研修課程，甚至有幸受邀擔任哈佛商學院的特邀講師……我與哈奇伍博士的相遇，起因也是從弱連結獲得的資訊。

當時，我是NTT Docomo中i-mode企畫部的聯盟籌辦部長，正計畫與實踐錢包手機的普及和信用卡業務等籌備工作，一年舉辦將近五十場演講，同時持續進行推廣活動。為了執行投資業務，我還負責了營運電子錢包Edy的彼特瓦列公司（bitwallit）的注資工作。在這過程中，有緣認識的朋友某天聯絡了我，他說：「哈佛商學院的老師想採訪平野先生，請問您方便和他見個面嗎？」

這時的我，每天有數不清的面談和會議，忙得不得了。「三十分鐘的話沒問題。」我這麼回答，並約好了見面時間，可是哈奇伍博士卻遲到了二十分鐘。我記得我們那時候說「沒什麼時間聊了，就用電子郵件往來吧」，隨即告一段落。

不過，也因此產生了各種契機：我給哈奇伍博士的論文一些建議，之後竟然還約定一起開公司……現在回憶起來我仍然驚訝不已。二〇一〇年，我們合著的《平台策略》出版後，我也開始受到關注，受邀參與電視特別節目的採訪等等。

即使只舉我自己的案例，但格蘭諾維特提出經由弱連結傳遞的情報，其價值有多高，我想各位應該不難明白吧？

積極與其他職位、公司的人交流吧！

這種「弱連結力量」的思想，該如何付諸實踐呢？關於這點的詳細內容，我打算在第五章告訴各位，不過確切地說，就是積極與同公司不同職務的人，甚至是其他公司的人交流。

但是，至少要把它當作商業人脈網來進行交流會比較好。雖然在同好會之類的場合遇到的人，從他們身上可以學到許多東西，但以這樣的關係談工作可不是什麼好決定。

在今後即將到來的高齡化社會，以個人身分拓展人脈，結交到一位能在漫長人生中相伴的朋友，十分重要。這麼說來，**如果你的商業人脈網可以讓對方明白你是什麼人、究竟能做到什麼事情，那麼你肯定會更容易從中取得工作相關的資訊。**

最簡單的做法，就是和其他公司的人一起吃午餐吧！詳細過程也會於第五章說明，若想更進一步了解的朋友，可以參閱拙著《用中午一小時成就超級人脈！午餐聯盟的教科書》（德間書店），或其電子書版《笨嘴拙舌也沒關係，用一小時跟任何人都變得要好的技術：午餐千萬別一個人吃！》（GOMA BOOKS）。

另外，想建立弱連結關係，運用社群網站等社交媒體也是很有效的方式。

國外似乎很多人會公私分開，在工作關係上以LinkedIn聯繫，私下的朋友則是利用臉書；不過在日本，最大宗的還是臉書或LINE，我也盡可能用臉書來聯繫曾經交換過名片的對象。

「結構洞」與網絡的關係

接下來的網絡理論是「結構洞」。

「洞」即為洞穴的意思，而芝加哥大學商學院教授羅納德・S・博特（Ronald S. Burt）在《結構洞：競爭的社會結構》（*Structural Holes: The Social Structure of Competition*，哈佛大學出版社〔Harvard Univresity Press〕）中，將格蘭諾維特「弱連結的力量」的概念再擴展，並指出「結構洞」對企業維持「競爭優勢」來說很重要。可能這個詞比較少人聽過，但它絕對不是什麼困難的概念。

在某個網絡內，衡量人與人之間關係有多密切的指標，叫作網絡密度（density）。

密度高的網絡，意味著這個網絡只連結自己喜歡的人或跟自己有著相同思考方式的人。因為密度高，也可以說「結構洞小」。

各位讀者在使用社群網站時，是不是也確實感覺到，比較容易跟與自己思考方式相同的人產生聯繫呢？一般的人脈網多半傾向於和自己喜歡的人或有相同想法的人連結，所以任其自然發展的話，不管怎樣都會變成高密度且同質性高的網絡。

然而，在這種「強連結」網絡之中，由於跟與自己意見分歧的人的連結很弱，對外頭的資訊蒐集能力就會愈來愈差。不只如此，處於這種高密度的網絡內，因為資訊瞬間就能共享，即使自己有不同的意見，也很難自由行動或發言。

換言之，**高密度的網絡中，可以自由活動的空間——也就是「結構洞」——會漸漸消失。**在所謂的村落社會[13]裡，會因與眾人不同而遭受「村八分」[14]的制裁，應該算是一樁典型案例。

基於上述內容，博特提出下列論述：假設每個人「維持網絡運作的成本」基本上都相同，那麼網絡密度小——也就是「結構洞大」的網絡——可以用同樣的成本獲得更多元的資訊。同時他表示，**網絡結構洞大的人，以位置來說地位優越，在行動或交涉上也因高自由度而握有優勢。**

具備什麼特質的管理階層會更快速成功？

我們舉具體實例來說明吧。博特以美國大型資訊設備製造廠的管理階級共二百八十四人為研究對象，並從調查中導出這項論點：「個人網絡內含有大量遠方友人的管理階層，其晉升的速度快。」我們可以從中得出這種見解：

就算在同一家公司，不同職場、不同職位、不同職業、（中略）相異年代、相異人種、相異性別、相異學歷的人……這些人擁有與自己「不一樣」的特質，在跟自己日常生活環境不一樣的地方，做著不一樣的工作。重視自己與這類人之間關係的管理階層，升遷速度會更快。

（安田雪著《建立人脈的科學》日本經濟新聞社）

13 **村落社會** 以村落為單位，相對排外的社會結構。

14 **村八分** 指全村排擠指定對象，並於共同生活的十項重要活動上，除了其中兩項外都予以無視。

也就是說，在公司內獲得高評價且較快成功的人才，很重視平常鮮少接觸到的人與自己之間的關係。

另外，博特也曾言：

> 社會邊界是兩個社會領域的接觸區，某種類型的人會與其他類型的人在這裡相遇。相較於待在同質性高的社會環境的人，活在社會邊界上的人擁有利用企業家型的靈活應變能力來生存的強烈傾向。身處邊界的管理階層，會與其他類型的人——在跨越邊界時遇到的人——維持良好關係。在這種橫跨邊界的關係中，伴隨著在管理階層的期待與對邊界外世界的期待之間的長期調適。人一旦離開邊界，就會變得更加同質化，在關係上的矛盾期待也會幾乎消失不見。於是這種在存活上必備的企業家技術愈來愈少。
>
> （《結構洞：競爭的社會結構》）

舉例來說，比起總公司企畫部這種位於總部的管理階層，在國外、外地、子公司等遠離核心職場工作的管理階層，可以經歷與各式各樣的人交涉的過程，能蒐集到更多資訊。最近幾年，常常看到突然從子公司高層調到母公司高層的人事異動，我想，在劇烈變動的經營環境中，這或許也是一項佐證，證明擁有各式各樣的人脈網愈顯重要。

尤其是在現代，由於網際網路、人工智慧、物聯網、區塊鏈等新科技的出現，從前的商業方法論正在改變，**與那些走在既有成功模式上而擠進總公司企畫部窄門的人相比，今後的企業，難道不會更傾向於尋找具有豐富「客場」經驗的人才嗎？**

從企業的角度來看，不論求職者是新鮮人還是老手，盡可能錄用具備各種不同背景或人脈的人才，就能藉此獲得嶄新的資源。反過來說，雖然也有人認為高密度的人脈網凝聚力較強，因此更為靈活且有效率，但我們也必須將此事銘記在心——「全員一體的話，長期下來，對組織而言是大大扣分」。

最終會產生這樣的矛盾：儘管在短時間內，因全公司迅速統一陣線而提高成效，不過以長遠來看，卻也變得無法跟上外面經營環境變化的步伐。

快逃離「結構對等」的位置

關於這些「結構洞」理論，博特同時採用「結構對等」（structural equivalence）的概念來說明。「結構對等」討論的是跟其他人處於完全相同位置的人，並認為這種人很容易捲入競爭關係之中。

「結構對等」指出，即使網絡內的某人（點）被換成其他人，也不會使結構產生變化。以圖6來說，B和C屬於「結構對等」，很容易形成競爭關係。

圖6　結構對等的範例

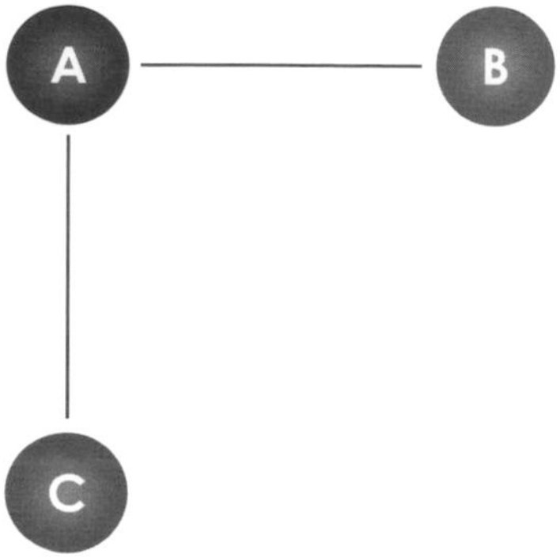

A　B　C

就公司而言，**「結構對等」就是在其他人眼裡隨時可以被取代的存在**，因此必須盡可能擺脫這種位置。自己與他人的結構對等程度有多少？與自己有關聯的其他人以多濃的密度聚在一起？博特根據這些數據，來決定人在網絡內部所擁有的結構洞數量。

舉個例子，假設你在公司認識十個人，然後他們認識的也只有這十個人，而且十個人全都互相認識。這時，你與其他九人屬於「結構對等」關係，就算你辭職，那九個人的人脈網也完全不會改變（除了你不在以外）。在人脈網的密度高到幾乎合為一體的情況下，你馬上就會變得與其他人「結構對等」，這就是所謂的「沒有結構洞」。

重點來了，假設你換去別家公司上班，仍然認為在原有職場建立的人際關係很重要，並且保持這段關係的良好狀態，那麼在新職場中，你以外的人的人際關係，就很可能不與你的人際關係重疊。結果，你在新公司就處於一個難以成為「結構對等」的位置。

有句話說「好來好去，不留殘跡」，但在漫長的人生中，我們跟以前所屬的組織和那裡的人，又或是學生時代認識的人，必定會產生某種關係。從這層意義上來看，可以認為**網絡理論很重視「珍惜與過去所有遇到過的人的羈絆」**。

誰才是中心？4種網絡中心性

繼「弱連結的力量」與「結構洞」之後要介紹的網絡理論，是「網絡中心性」和「樞紐」（hub）的思想。

一個組織之中，最具影響力的人物，或是最重要的人才，會是什麼樣的人呢？以公司來說，或許你的腦中會浮現總經理或董事長的臉吧？然而這個組織裡真正重要的人，其實是工作現場的廠長、身為中階主管的科長等人才對。這一點，應該也會隨著你現在所處的位置不同而有所變化。

再進一步說，各位讀者所擁有的人脈網是由誰作為中心呢？在社群網站上有很多朋友的人，或在推特等處有很多跟隨者的人，這些人確實會令人覺得是核心人物或眾所矚目的人。

雖是這麼說，但換個角度看，顯然連結數量多的人未必就很重要。比如說，對現在想與A公司總經理見面的人而言，跟A公司總經理關係好的人才是重要人物，而這個人在社群網站上有多受歡迎，一點也不重要。如上所述，「中心性」有許多種思考方式。

正如同我反覆說明的，網絡理論認為個人的資質或能力可以暫時先擱置一邊，反倒是**這個人的人際關係——也就是在人脈網中的位置——才是其存在價值**。然後，現在正要開始講述的「網絡中心性」思想，是為了測量誰是人脈網中最核心的存在，而開發出來的一種指標。

從社會學上來看，這是一項為了測定某個節點（點）的位置是否重要（中心）的指標。加州大學教授林頓・C・弗里曼（Linton C. Freeman）把這些網絡中心性分成幾項分類。

這裡也參照弗里曼的著作《社會網絡分析發展史》（*The Development of Social Network Analysis: A Study in the Sociology of Science*，創作空間獨立出版〔Createspace Independent Pub〕）和《複雜網絡》（增田直紀、今野紀雄著，近代科學社）兩書，來說明中心性裡面有哪些東西。

1. 點度中心性

「點度中心性」是依據目前維持的關係數量，也就是有節點（點）的邊的多寡，即以紐帶數量來測量中心性的思考方式。

用不同的話來說，這種思路認為連結了許多人的人，便是中心與重要人物。

例如，推特的跟隨者數量或部落格的讀者數等數值較多的人就是重要人物，這樣比喻就很直觀好懂吧？

以圖7來說，③、④、⑤、⑥連結三個人，所以它們的點度中心性為三。①、②、⑦連結兩個人，因此點度中心性為二。

圖7　具體思考「網絡中心性」

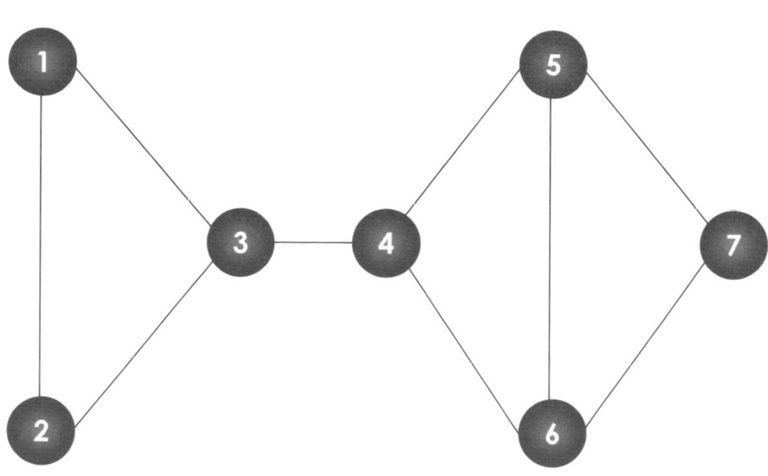

2. 接近中心性

「接近中心性」是以能高效率觸及最多人數的人，也就是節點與節點間距離短的人為中心的一種思考方式。具體來說，是依照節點與其他所有節點的距離遠近來測量中心性。

換句話說，就是指用更少的連線抵達其他節點，資訊傳達效率佳的人。在前述圖7中，④的接近中心性最大。

3. 中介中心性

「中介中心性」是以具備將人與人連結在一起的力量，意即以「中介性」的人為中心的思考方式。

舉例而言，有一種A→B→C→D的關係，若A要連結D，則B和C的存在就是必要的；同樣的，B和D要連結在一起就需要C的存在。這種情況下，C中介了B與D，甚至是A與D之間的關係。我們將這種中介數量稱為「中介性」。

在這個案例中，C是B與D，以及更遠關係的A與D之間的中介，所以它的中介性為二。另一方面，A和D因為沒有中介其他人，中介性是零；B則是中介A與C、A與D，因此其中介性為二。也就是說，B和C的中介性是二，A和D的中介性是零。

而網絡的核心正是中介中心性，換言之，在找不到中介能力更強的人時，B和C就是核心。以前面提到的圖7來說，④的中介中心性最高。

因此，中介許多人的人被稱為樞紐。像是國際機場，有許多國家的飛機飛抵的機場稱為「樞紐機場」，也是一樣的道理。所謂的「樞紐」思想，在思考第三章的平台策略時，也是非常重要的理論，請大家先記住了。

4. 特徵向量中心性

「特徵向量中心性」是根據「邊向自己延展的節點具有多少中心性」來考量其中心。再更簡單地說，就是並非看你自己有多少朋友，而是看你到底有沒有與「朋友多的人」連結來評價你。

世上所謂的幕後黑手應該算是一個很容易理解的例子。儘管幕後黑手是重要角色，但他絕對不會浮出檯面。他們並不與多人聯繫，而是與廣為人知的掌權者或政治家等名人之中的要角，也就是僅僅與極少數的頂尖人物有所聯繫。從特徵向量的角度來看，這些幕後黑手就是網絡的中心。

若以各位讀者熟悉的例子來說明，規模最大的搜尋引擎谷歌所採用的網頁排名系統（PageRank），其中決定搜索引擎刊登順序的演算法，也是基於「特徵向量中心性」所創。

谷歌搜尋引擎的演算法認為，有大量網頁刊載其網址連結的網頁很受歡迎；在這種被大量連結的網頁上刊登連結的網頁又更受歡迎。也就是說，比起從乏人問津的網頁所連結到的網頁，備受歡迎的網頁連結的網頁，在搜尋引擎上的分數會更高。

據說這學說一開始是基於「優秀的論文，是被引用數多的論文」這樣的思路而來的。事實上，在選拔諾貝爾獎等獎項時，也是為了讓論文被引用次數多的人成為後補的一項條件。先補充說明一下，最近谷歌搜尋引擎的演算法也不只網頁排名了，它改成會根據二百個以上的指標來演算排名，比如這個網站收錄了多有幫助的資訊，以及資訊品質或網站經營者的可信度等。

以上，四種中心性的相關內容都介紹完畢了。至於這四種中心性之中哪一項比較重要，得按照看法或脈絡來決定，無法一概而論。但有一點可以確定——世界上成功的企業都位於第三項「中介中心性」中亮相的「樞紐」位置。

在參考這些內容的同時，第五章會解說在本書的人脈網建構過程中，該如何爭取「樞紐」位置的具體方法。

「無尺度網絡」的特色

接下來要介紹的網絡理論，是「隨機網絡」（Random Network）和「無尺度網絡」（Scale-free Network）。

隨機網絡，指的是節點分布的巔峰在正中央附近，左右對稱牽引出長長的末端這種正規的網絡分布。若以人類身高來舉例，大部分成人的身高在一百五十到一百八十公分的範圍，身高十公分或是三公尺的人絕對不存在。然後，其網絡分布的外觀約莫如圖8的山形。

與之相對，無尺度網絡的構造是，一部分的節點擁有大多數的連結；另一邊，大部分的節點只有少數的連結。無尺度網絡就是尺度自由（scale-free）的意思。

常被拿來當無尺度網絡範例來舉例的，是全球資訊網（World Wide Web, WWW）。全球資訊網是藉由網路上提供的超文本系統（hypertext system），將網頁作為節點，各個節點以超連結聯繫起來的網絡。我們知道，這裡有極少數的網站會聚集大多數的連結；相反的，大部分的網站則都只有少之又少的連結數。

另外在性關係上，多數的人一生中只與

圖8　隨機網絡與無尺度網絡

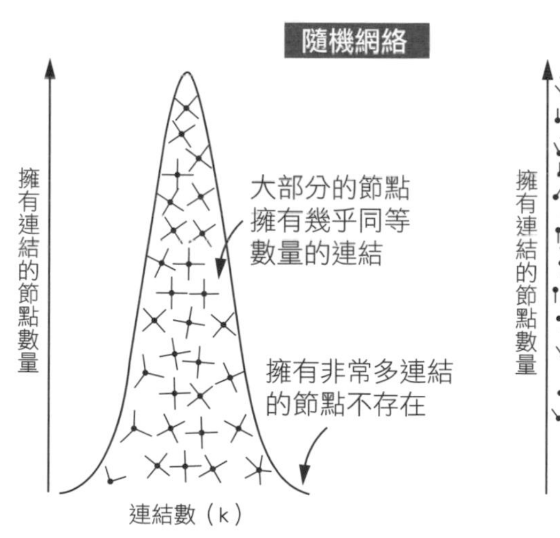

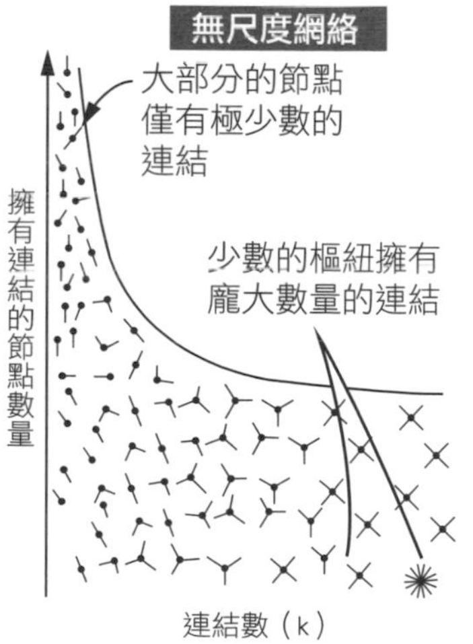

出處：《連結：網路新科學》（NHK出版）

幾個人有過性行為；另一方面，一部分極端的人則與超過一百人關係匪淺。在這個前提下才會有人認為，這些與多人產生性行為的少部分人的存在，導致了愛滋病或性病傳染蔓延（《連結：網路新科學》〔*Linked: The New Science of Networks*〕亞伯特—拉茲洛・巴拉巴西〔Albert-László Barabási〕著，珀修斯圖書集團〔Perseus Books Group〕）。

而且還有航網、電網，或是學術論文的引用等等，世界上有許多網絡的構造都是無尺度網絡。以航網來說，串聯大多數國家的樞紐機場是少數，反而大部分的機場只飛少量航線，這些現象就是最好的例子。

無尺度網絡的特色，在於它們面對偶發問題時異常強悍。像高速公路這種隨機網絡，上面若發生什麼災害而使多個節點被破壞，那麼陸地便像孤島一樣，道路斷得彷彿斷垣殘壁。然而在無尺度網絡中，卻還能留下好幾條可以繼續使用的路線。據說網路原型的「ARPAnet」系統，原本是為軍用而研發的東西，是一種可強力抵抗外部攻擊的分散性網路，從這一點應該就能窺見這種特性的本質了。

社群網站上新出現的「優先連結」原型

那麼，這種無尺度網絡和「人脈」又有什麼關係呢？前述《連結：網路新科學》一書的作者，同時也是聖母大學教授的巴拉巴西與他的學生雷卡・亞伯特（Réka Albert），提出了BA模型（巴拉巴西－亞伯特模型，Barabási–Albert model），是一套能實現尺度自由的網絡。

假設現在有一個十人構成的人脈網。只要在這個網絡裡加入新人（節點），就會使它成長；但是如果新人不管與誰聯繫都是同等概率，也就是必為十分之一的機率，那麼這種情況就不算尺度自由。

然而這世上就事實而言，無尺度網絡還是屬於多數。於是BA模型就尋思：究竟要怎麼做才能建構出這樣的網絡？以前面提到的例子來說，BA模型會考慮這樣的假說：十人之中，有人的聯繫對象比其他人還多，用弗里曼的話就是「次數高的節點」，新節點會優先聯繫這個目標。

這在專業術語上稱為「優先連結」。於是次數愈高的人，之後就愈容易從新加入的人身上獲得更多的新連結。

比如說，已經在臉書、推特、ＩＧ等社交平台上與許多人串聯的人，或是跟隨者數多的人，之後很有可能會再獲得新的連結，使跟隨者不斷增加，這樣舉例應該就很容易理解了吧？

在社群網站上也是，一度自己申請追蹤，然後又取消追蹤，透過重複這個行為來讓跟隨者數看起來很多，但另一方面又要使自己的追蹤數看起來更小，像這樣努力得令人同情的人也是有的，這是因為他們在無意識下知道了「優先連結」的關係。

這是考量到**「跟隨者數減追蹤數後所得到的數字較大時，就可以假裝自己是個受歡迎的人」**，於是產生如此的行為。憑藉這種做法，這個人就可能獲得更多的新跟隨者，這正是「優先連結」的思路。透過優先連結和隨之而來的成長，極少數核心人物就能創造出一個與大多數紐帶保持聯繫的網絡。

而且，容易變成這種核心人物的人，多半是早期就與許多人才連結的人。這是在管理學中耳熟能詳的「先行者優勢」（First Mover Advantage），也可以說是「最初加入的人，之後也立於優勢地位」，是一種先搶先贏的思考方式。

如上所述，一旦建構出無尺度網絡，就能擁有影響力。不過也要小心，因為藉著這一點，就會出現像是谷歌搜尋結果的順序左右企業收益，又或是在臉書或推特等社群網站上，多數派的意見對許多人造成影響等等。

當人面對自己沒有信心的東西，就會去參考別人的意見。但即使本來是少數派，只要在社群網站上偽裝得像很多人的意見，這種少數人的意見就有被誤認成真理的趨勢。

人脈網也一樣，任其自由發展的話，無論如何都會傾向連結到自己的同溫層，變成一個無尺度網絡。尤其是臉書之類的社群網站，隨著對跟自己思想相似的人按讚，與這些人的交流頻率便會愈來愈高，在無視多元意見的情況下，不知不覺就會有產生誤解的危險，認為與自己相同的意見就是全世界大多數人的意見。

因此，在建立商業上的人脈網時，必須有意識地去避免形成無尺度網絡，**時時刻刻記得要多跟與自己不同、有多樣思想的人交流。**就像我至今一直重複強調的：擁有多元性，才會誕生新的變革。

「6度分隔」的結論是「世界真小」

本章最後要介紹的網絡理論是「小世界網絡」。在本章的開頭就已說明了其中一部分，這套理論從字面上看就是「世界很小」。而如前所述，這個論點已由美國社會心理學家史丹利．米爾格蘭，透過信件接力（連鎖信）的實驗證實了。

在這個實驗中，最初寄出連鎖信的人被稱為「開端」，他會透過各種朋友和熟人，將信送到他所不認識的「目標」手上。實驗調查這封信最後會由多少中介人經手送達。

從結論來說，在這個連鎖信實驗中，抵達指定目標所必須經由的中介人平均為五人。換言之可以得出這個定律：「追溯這些聯繫關係會發現，經過五個人之後，必定可以在第六人時認識世界上的任何一個人。」

這就是知名的「六度分隔理論」。當然，當時也有反駁這個實驗的聲音，而且有研究顯示，在社群網站等媒介蓬勃發展的今天，只間隔了更少的四或五次就能達成目標。

但是不管怎樣，有一點一定不會錯，那就是「世界很小」。這對人脈的啟示是：其實，**要與自己朝思暮想的人相遇並不難。**

實際上，用來測量自己與某人關係距離的指數有一大堆，而且相當知名，其中一個是「艾狄胥數」（Erdös Number）。

這個指數會根據自己與匈牙利的天才流浪數學家保羅・艾狄胥（Paul Erds）的共筆關係，來顯示自己和艾狄胥之間的距離。艾狄胥一生發表了一千四百七十五篇論文，是「天才中的天才」，他的生涯埋首於數學之中，幾乎沒有固定工作，還在全世界數學家同好的家之間流浪，並因此出名。

而與艾狄胥合寫論文的數學家，其艾狄胥數為一；與艾狄胥數一的數學家合作寫論文的數學家，其艾狄胥數為二……以此類推，數學家們以跟艾狄胥扯上關係為傲，並創造了艾狄胥數。順便一提，據說好萊塢女演員娜塔莉・波曼（Natalie Portman）的艾狄胥數是五，怎麼樣，「世界真小」對吧？

另一個知名的指數是「貝肯數」（Bacon number），這個指數也一樣，是以好萊塢電影巨星凱文・貝肯（Kevin Bacon）為起點，以自己與他共同演出的關係來計算距離。全世界的演員裡，與貝肯在同一部電影裡共演的演員，以及這些與共演過的演員一起演出的演員，透過這些人就能發現，他們都在六次內與凱文・貝肯有連結。各位可以在下列網址實際查到它的詳細內容：

〈https://oracleofbacon.org〉

橋梁是「弱連結」，所以很脆弱

接下來，在本章的最後，我們來解說「小世界網絡」與格蘭諾維特所說的「弱連結的力量」「橋梁」，兩者概念密切相關。

在「弱連結的力量」介紹過的格蘭諾維特，於一九七三年在社會學上這麼定義：橋梁是連結相異的兩個集團的唯一紐帶。對於橋梁，格蘭諾維特曾說：「弱連結也有聯繫兩個強大人脈網的橋梁功能，在資訊傳播上發揮了重要作用。」這一點前面也提到過。

後來，哥倫比亞大學的鄧肯．華茲與史特羅蓋茲設計出的WS模型（華茲—史特羅蓋茲模型；Watts–Strogatz model），則以數學理論闡明米爾格蘭的「小世界網絡」。

他們發表的研究結果顯示，即使在兩個被隔絕的團體中，只要其中一個團體裡的某個人與另一個團體保持聯繫，這個人就會以一個中間人——即橋梁——的角色，迅速幫兩個集團牽上線。

於是，發揮橋梁作用的人在「除此一人別無選擇」的情況下，其存在價值就會變得相當大，畢竟要讓兩個集團的各個成員互相交流，必須透過身為中介人的橋梁來進行。橋梁對傳遞資訊或統合不同團體上也有貢獻，一旦成為橋梁，就可能從其他團體那裡得到新情報，獲得不同於自己所屬集團內部流通的資訊。

另一方面，由於橋梁是「弱連結」，所以非常脆弱，可以說正因為它是弱連結，才能成為橋梁吧！二〇〇二年，身為「結構洞」提倡者的博特，以法國銀行行員為對象實施了一個調查，在這調查裡提到，十條橋梁之中，有九條在一年之內消失了

（《建立人脈的科學》）。

橋梁會消失，是因為出現了並非身處橋梁位置的人，變成新的橋梁的狀況。這麼一來，就變成博特所說的「結構對等」，也就沒有必要再透過這個人溝通了。

應該可以這麼說，**今天由於社群網站等媒介的發展，每個人都比以前更容易登上橋梁的位置，結果橋梁就變得愈加脆弱。**事實上，也曾發生過這種事：只要曾經把同一個集團裡的人介紹給合作集團的人，之後那些被介紹的人就會自動連結在一起，使介紹人的好處盡失。

「不被許可的3方關係」教會我們的事

那麼，「弱連結的力量」「小世界網絡」「橋梁」，這些理論各自又有什麼樣的關係呢？

格蘭諾維特提出了「不被許可的三方關係」（Forbidden Triad）的概念。如圖9

的①所示，有A、B、C三個人，就算在A與B、A與C之間有著強連結的關係，但如果B與C是敵對關係，那麼也無法長久維持三方間的關係，這就是「不被許可的三方關係」。它所思考的是，隨著時間的流逝，跟B處不好的C也會斷絕與A之間的關係，取而代之的是，與A、B都關係良好的D進駐。

於是格蘭諾維特認為，只要有好幾個強大節點的夥伴關係，他們與鄰近關係良好的節點同伴的聯繫就會愈來愈強，很快形成一個小型集合（集團）群聚在一起。結果是，整個網絡

圖9　出現小世界的原因

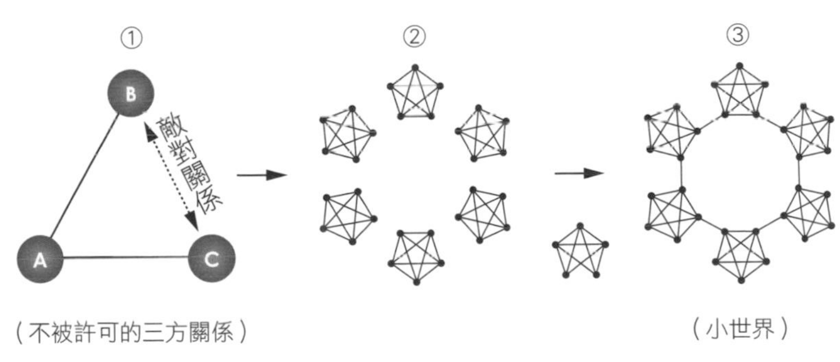

出處：以「二〇一七年一月二日，中野勉（青山學院大學教授）　青山學院大學研究所　國際經營管理研究科系列《經營感應器》」為本製作

最後會呈現這樣的狀態——「關係好或互相信任的人會聚集起來，而且成為分散各處的小型集團」。

各個集團內都有強連結的人際關係，對成員來說是個舒適圈，但是這樣的話外面的資訊也進不來，然後成員就會變得很少離開自己所屬的集團。

解決這種狀況的時機，就是集團內的某個成員（節點）走出集團，與其他集團聯繫的時候。這個成員正是橋梁。這麼一來就能將不同集團的夥伴以「弱連結」——即橋梁——連結在一起。

只要形成這種狀態，各個集團內就會將新資訊共享。也就是說在集團散落各地之下，將一部分的連結以「弱連結」的方式重新連接（稱為重新接線），光憑如此就能將整體網絡聯繫在一起，並出現類似圖9的③——「小世界」的狀態。

換言之，**強大的聯繫（友情等）會創造出無數個小集團，使整個網絡四分五裂；但另一方面，「弱連結的力量」又會將其作為橋梁連接起來，結果構成一個資訊傳播效率更快的大型「小世界」網絡。**不曉得各位是否明白了呢？

我們可以從這裡學到：不只是待在「關係融洽的同好會」裡，還要與關係遠的人聯繫，藉此建立一個會流通新資訊的人脈網。

第3章

名為平台策略®的最強武器

ラットフォーム戦略という
最強の武器

世界のトップスクールだけで
教えられている 最強の人脈術

突破同溫層的社群人脈學：
把自己當作平台，建立有效人脈網

第3章 名為平台策略®的最強武器

平台策略®與「樞紐」的關係

關於世界頂尖學府學者晝夜研究的網絡理論，在前一章已經盡可能具體地介紹過了，其中一個是林頓・C・弗里曼所論述的「網絡中心性」概念。

各位記不記得，「網絡中心性」的中心性概念，有「點度中心性」「接近中心性」「中介中心性」「特徵向量中心性」四種。其中的「中介中心性」，是使人與人聯合在一起的力量，換言之就是擁有「中介性」的人即中心。

所以，仲介眾人的人被稱為「樞紐」，不過以管理學的脈絡來看，這種存在應該也能夠叫作「平台」。在前一章中，我們主要以社會學網絡理論的觀點來解釋「人脈」；而在這一章裡，我打算從管理學的「平台」理論來分析它，同時再進一步展開討論。

雖然「平台」一詞在現在十分流行，不過在本章中，一開始會先從何謂「平台策略®」來說明它的定義。要理解平台策略®的本質，最好懂的方式就是去了解採取這種策略的企業在想什麼。谷歌、蘋果、臉書、亞馬遜等企業，全都是透過平台策略®一口氣擴大實力。

在習得平台策略®的本質後，也好好思考本章後半段的「成功平台的條件為何」吧。第四章是立足於網絡理論和平台策略®的七個研究案例，第五章則是總結目前的所有討論，並嘗試談論「我的專屬平台」。為了實踐這些，希望各位能在本章中學完所有必備的理論。

平台策略®是什麼？在我針對企業幹部或儲備幹部實施有關建立新業務與新商業模式方法的進修講座裡，「建構平台策略®的七個步驟講座」特別受歡迎。本章會簡單易懂地介紹其精華，同時一併去思考它的定義。

圖10　平台企業的單月使用者數

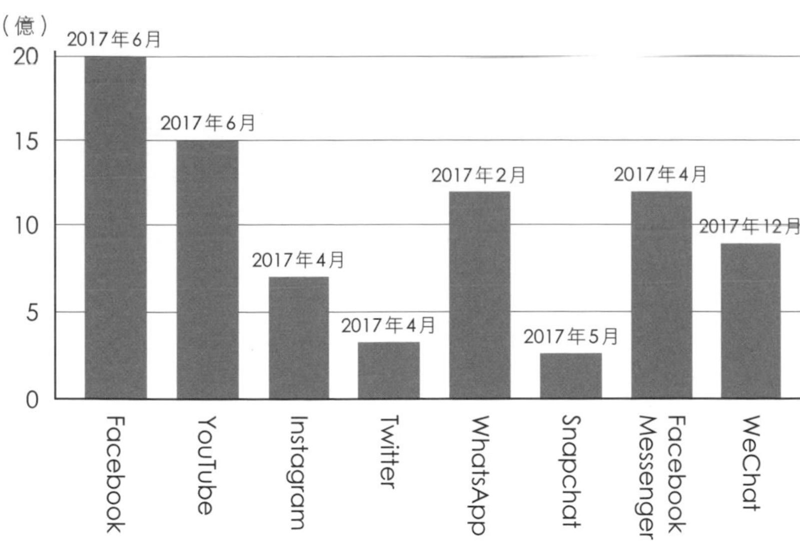

出處：資訊科技新聞網（TechCrunch）

現在，許多人在構思新生意的時候，幾乎都是在無意識中想著「要做什麼新產品呢？」「會誕生什麼樣的新服務呢？」這類問題吧？但是，目前世界上快速成長的企業並不會考慮這些。他們會想，**要建造什麼樣的「空間」（平台），還有該媒合誰與誰。**

講白一點，平台策略®就是一個「空間」（平台）承載相關企業或集團，並藉此建立新事業生態系的一種經營策略。法國的尚・提諾（Jean Marcel Tirole）教授（二○一四年諾貝爾經濟學獎得獎者）等人，從二○○○年年初就開始注意這套理論了。在日本，大前研一於二○○一年的《新・資本論：挑戰看不見的經濟大陸》（東洋經濟新報社）中，也指出了平台的重要性。

一聽到諾貝爾獎，大家可能會覺得這是一種深奧的東西，有著錯綜複雜的最新理論。不過，其實平台本身從很久以前就有了，不只存在於網際網路世界中。

若以男女雙方酒聚小酌的聯誼來當作範例，應該就很好懂了。也就是說，男性和女性這兩個團體，藉由相遇的「空間」（平台）媒合配對，為兩邊的團體提供附加價值——**聯誼的這種功能，就是傳統的平台策略®。**

這個時候，這個空間（平台）的主持人稱為「平台方」，不過在這裡，我想聯誼召集人的形象會更好懂。能夠在聯誼會上取得最多資訊的人，不用我說也知道是這位召集人。要說原因的話，是因為他不但能自由決定時間、地點，以及要邀請誰來參加，還可以得到所有參加者的聯絡方式等資訊。

再更進一步說，召集人甚至能夠獲得「誰跟誰處得來」「誰對誰有好感」等資訊。可以說，聯誼召集人簡直就是上一章弗里曼網絡中心性裡出現過的那個人脈網「樞紐」。

一個平台方所必備的資質是什麼？

那麼，要當聯誼會召集人，必須具備什麼樣的資質呢？如果是男性，得是一名超級帥哥，而且運動萬能、學歷高、身高高、年收入高的那種人嗎？若是女性，是不是一位個性好的美女呢？

這種人平常就很受異性歡迎，就算不特意去聯誼，也有很多邂逅的機會，所以沒必要去當召集人吧！而事實是，聯誼召集人不需要是什麼帥哥美女，而且就算是一個外在條件不怎麼受歡迎的人也能勝任。

召集人反而必須具備的是，可以勤於找場地或參加者等幕後工作的能力。甚至可以說，比起希望受人矚目的人，那些可以照料周遭人的人更適合這個身分。在網絡理論裡也曾提到，個人特質在建構人脈網上是無關緊要的。而在平台策略®中也一樣，去考量必須要有怎樣的資質，又或是不需要有什麼資質，這點很重要。

比如說像谷歌這樣的平台方，雖然並未製作自家公司的部落格或官方網站，但透過提供搜尋網站這個「空間」，讓名為使用者的集團與名為內容的集團分配在一起，並藉此開展自家的廣告業務。

樂天市場也是一個具有代表性的平台方，不過他們絕對沒有在自家公司製造和販售商品，最多就是請人開店，並將該店商品與顧客媒合在一起而已。

在實體世界裡，以經營名牌商品的暢貨中心來舉例，應該也很容易理解。營運者多半是三菱地所不動產、三井不動產等不動產公司，即使自己不賣東西，也能藉著聚集一些受歡迎的名牌專賣店，成功招攬許多想買名牌商品的顧客。

像這樣在平台業務上的成功案例，其共通點在於他們都能夠為所有相關人士提供價值。舉個例子，加盟暢貨中心的店家，可以用遠低於單獨開一家店的成本來開店，而且還能有效吸引人潮，這是因為廁所的設置或停車場的管理等等，統統都是由身為平台方的不動產公司負責處理。

這麼說來，毫無疑問的是，**最大受益者是提供平台的「莊家」**。只要能聚集到一些受歡迎的名牌商店，那麼就算是沒什麼人要來的地區，也可以吸引許多顧客前往。而且要是透過社群網站傳播名聲，那麼即使不花宣傳費，應該也能使來店顧客數量更上一層。

如此一來，想加入的名牌店家就會增加，而顧客也會愈來愈多，進而產生「正向回饋」（positive feedback），對身為平台方的不動產公司來說，便能更迅速收到店面租金或其他營業額。而且，來逛暢貨中心的顧客全部都會成為平台方的會員，一旦變成了會員，就能用電子郵件等方式，無限次通知他們活動訊息或引導他們來店消費。

如何在成員之間公平分配？

如上所述，平台方作為幕後人員進行「空間」的維護整頓，利用「其他公司的力量」，使得所有參加團體都能在提供價值上獲得滿足。不過我要再說一次，在這裡，獲利最多的是平台方自己。

然而，不可忽視的是，不能只有平台方拿走所有利益，而是應該好好將參與者都會滿意的收益分配給他們。如果每次僅只聯誼召集人一個人有好處拿，那可能不知道哪一天，這個人辦的聯誼就沒有人要去了；反之亦然，**只要讓參加者感到滿足，那麼好的評價就會透過這個人的網絡快速且自動地擴散。**

如今已成世界最大電子商務（經由網際網路等網絡來發送商品資訊，並訂下合約或結帳的交易型態）企業的亞馬遜，當初也只是一家網路書店而已，也就是在網路上賣書的網站。

之後，亞馬遜藉著搭建二手書等電子市集的方式謀求平台化。特別是他們透過一個叫作亞馬遜聯盟的機制，讓使用者在推特或臉書等社群媒體上自然地宣傳亞馬遜的產品，因而迅速擴大成長。

聯盟，又或是聯盟行銷，指的就是成效廣告。例如你在部落格介紹某間公司的商品，一旦經由你的部落格賣出，就能從該商品的賣家身上獲得營業額的一部分作為報酬，這就是成效廣告的機制。

我寫部落格的地方——Ameba部落格也一樣，似乎可以做亞馬遜、樂天、優衣庫等店家的聯盟行銷。在這種機制之下，便能使商品一口氣擴散出去。

減少使用者摩擦的Airbnb

繼續來聊聊商業中平台方的話題吧。近年來，Airbnb和Uber這類名為「共享經濟」的新型態平台迅速擴張，在破壞舊有產業的同時，也成為新興的競爭者。

不過，雖然Airbnb開展了世界上最大的旅館住宿事業，卻不在物理意義上擁有任何一間房子。Uber也是，儘管經營世界上最大的計程車業務，但原則上沒有車子。Airbnb是仲介想借房間的人和想將房間借出的人；Uber則是媒合想乘車的人和想開車載人的人。

雖這麼說，他們卻都不只是單純的媒合而已。假如你家有一間空房間，你會想把它借給「毫無關係的陌生人」嗎？大部分的人應該都會覺得害怕，擔心自己會不會有所損失，例如：「如果對方是小偷不是很可怕嗎？還是算了吧……」「東西不會被弄壞或被偷嗎？」

因為是借給「毫無關係的陌生人」，這麼考慮也無可厚非。這種會妨礙人的行動要素叫作「摩擦」。摩擦就是衝突或是隔閡的意思。

透過建立消除摩擦的機制，Airbnb才能迅速擴張。他們在這裡向房東與租客雙方提供了「信賴」規則。具體來說，不只是用手機App就能匹配到雙方都滿意且最適合的結果，還會記錄雙方的往來，並且到結帳為止，用App就能解決。

這麼一來，當住宿者以外的人看到這些資訊，也能從中了解住宿處的主人是個什麼樣的人。

再加上，Airbnb甚至準備了最多一億日圓左右的保險，以防萬一出現物品損壞等損失。

Uber也一樣，提供了可以減少摩擦的機制。讓別人乘坐自己的車，然後賺點小錢也不錯，會這樣想的人應該還挺多的吧？就算是自己的車，每個月都有昂貴的停車費，而且實際上自己開車的日子也有限；另一方面，會搭計程車的人應該也會覺得計程車費很貴，而且還常常攔不到車。於是雙方的煩惱，也就是摩擦，Uber全都解決了。

我也用過好幾次Uber，真的是很舒適的體驗。先下載手機專用App，填入自己現在的位置並叫車，目的地也事先輸入好，然後就會在手機App上的地圖顯示目前在附近的車子，並通知我們「還有五分鐘抵達」的訊息。

之後，準時來了一輛黑色車子。

搭車時，不用告知目的地即直接出發，因為目的地已經透過手機讓對方知道了。一到達目的地便能直接下車，車資早已用信用卡結了帳。

然後就是給駕駛評價。有時候會遇到不太熟路況的駕駛，這時候可以稍微給個嚴厲點的評分，態度差的人也同上。不過幾乎都是很棒的駕駛就是了。這些全都是用手機的App進行。

各位應該都明白，就算有這些流程，Uber的成功也不只是因為提供單純的叫車服務而已。它不僅媒合配對，還用手機App記錄駕駛與乘客之間的所有交易，以GPS掌握位置資訊，甚至到結清帳款、雙方互相評價，都是用手機進行，藉此成功提供雙方「信賴」感。

如今，只要有閒置房產等沒在使用的東西，不管什麼都能登上共享經濟服務。不久之前，美國有個叫作「Airpnp」的網站，可以尋找出借自家廁所的屋子，並因此成為熱門話題；在日本，也有店家在休息日供人租借屋外簷下空間的「軒先.com」之類的服務，且受到眾人矚目；又或是租賃沒用到的衣服的「airCloset」……這才是源源不絕的創意，不是嗎？

交情比金錢更重要

接下來，我們來聊聊平台與「信賴」之間的關係。以前的企業策略，簡單來講就是顧客「經濟上的需求」，換言之，是藉由滿足對方的物慾或金錢慾來獲得利益。然而，隨著臉書或推特等社群網站急遽擴大，**企業不只得滿足顧客「經濟上的需求」，還要開始意識到他們的「社交需求」。**具體來說，去支援他們與朋友間的情誼或聯繫，關係著企業的收益。

這是為什麼？在波士頓的顧問公司ＭＰＤ，我的前同事皮斯科斯基（Mikoaj Jan Piskorski，現為瑞士國際管理發展學院〔International Institute for Management Development, IMD〕商學院教授），曾在《社會策略：如何從社交媒體中獲利》（*A social strategy: how we profit from social media*，普林斯頓大學出版社〔Princeton University Press〕）中提出以下主張：

會造成社交失敗（指在社群媒體上交流不順），起因在於互相交流的成本。具體怎麼發生，要從兩人都能得益的互相交流來思考。此處獲得的利益，若比他們各自從事其他活動所得的利益還要大，那麼就能說這段關係是互惠關係。接下來，便要考量互相交流成本存在的可能性為何。舉例來說，在兩人分開，或是交流初始就經歷明顯令人不愉快的經驗時，成本就會產生。伴隨互相交流而來的成本如果超出預算，就無法展開交流，而造成社交的失敗。

人逐漸意識到，為了避免產生這種「社交失敗」，企業應當重視的不是「金錢」，而是「交情」。

首先，皮斯科斯基主張，在企業為顧客提供有益的資訊上，如果能給予該顧客益處，使他①增加新朋友、②加強與既有朋友的關係，那麼顧客就會「因開心而消費」，並成為該企業的擁護者，因此不需要進行任何宣傳或促銷。重點是，**要先提供有益的資訊，而且為有著同樣興趣的人建立社群。**

很多人搞錯的或許就是這一點。**每天在部落格上刊登食物照或風景圖，那些東西並不能算作「資訊」；真正的資訊，是專為讀者而設計，可以解決讀者心中疑問的**

東西。

人從對某個商品產生慾望，直到購買，大概可以分成兩種模式。

一種是看到它的廣告或實物，對該物品本身的設計或功能感到著迷而產生慾望。各位讀者在有想要的東西或想去的店時，是不是會先在谷歌上搜尋，或是去看Tabelog[15]等評論網站呢？谷歌的商業模式，正是以這些主動「搜尋」的人為基礎，從研發最適當的廣告發布技術而誕生的。

另一種是，儘管不那麼感興趣，但在看到其他人——特別是自己信任的人——的推薦或評價後，才開始對它產生慾望。這個領域，是單純的廣告或谷歌等搜尋引擎無法觸及的部分。朋友或信任的人的推薦，遠比單純的廣告還令人動心。在你家附近太太們聚集的「巷口會議」上成為話題的商品，最後大家都會去買，也是同樣的原理。

可以說，這種原理直接搬到網際網路世界，就變成社群網站等社交媒體。正因

15 **Tabelog** 日本最大的美食評論網站。

為實名註冊的臉書支援了現實的人際關係，並在網路上開枝散葉，才有辦法成為世界第一的平台。因此，只要企業能滿足顧客的「社交需求」，就能提高收益。

要在價值鏈的哪裡平台化？

為了推動這種收益化，企業該以自身價值鏈中的哪個部分來進行社交平台化？擁有這項觀點很重要。

價值鏈的概念，是由哈佛商學院的招牌教授麥可．波特（Michael E. Porter）所提倡，意指「企業主要的工作是在各種工序中，為購入的原料附加價值」。圖11是以製造業為例所製，顯示出從研發產品開始，在依序往右前進的同時為產品添加價值，直到最後產品完成為止的一個流程。

比如說，若是麵包店，就是混合麵粉、牛奶、酵母等材料後烤製，再將其包裝好，陳列在店裡銷售，並在這一連串的加工過程中創造了價值。

圖11　將部分價值鏈平台化的企業範例

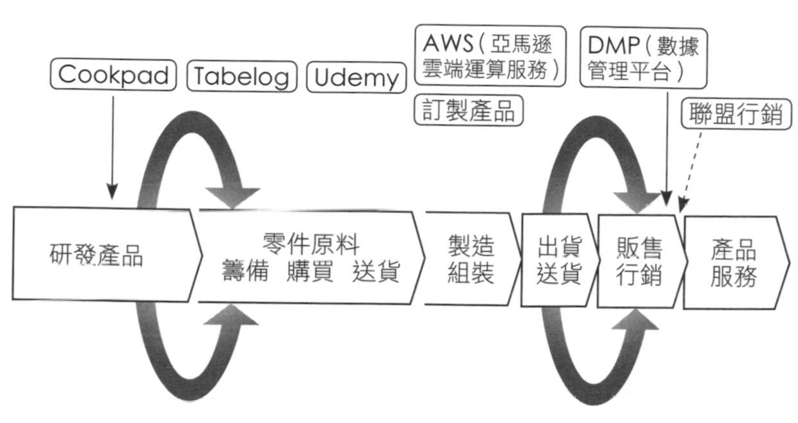

出處：作者製作

那麼，若要將這些加工程序的一部分社交平台化，具體來說究竟該怎麼做才好呢？

舉例而言，餐廳的資訊或評價，過去都是由像米其林這樣的公司員工，或是這些公司委託的特定人物來負責。擁有全世界一億人以上使用者的Yelp餐廳資訊服務，或是OpenTable餐廳預約與資訊網站，當然還有日本的Tabelog美食評論網，都是將這部分社交化，也就是說設計成使用者投稿的模式，藉此使得刊登店家數或使用者數有飛躍性的成長而獲得成功。

又或是日本的食譜網站Cookpad也一樣，它將過去向料理研究家等人取材並在雜誌上刊載的食譜社交化，即改為讓使用者投稿的食譜，使得食譜數量一口氣攀升，也成功吸引大量使用者加入。

當然，也有人批評這些投稿內容或由使用者撰寫的評價缺乏可信度，因此營運方採取了對策，例如發表者無法評價自己的發表內容，或針對惡劣騷擾等行為設置舉報系統等等，好從使用者那裡獲得一定程度的信賴。

成功平台的3要件

對平台策略®來說，「信賴」到底有多重要？又要因此將價值鏈的哪一部分社交化？這些我們剛剛都提到過。

接下來，就是基於這些討論，再進一步去思考「成功平台的要件」，這對於了解本書主旨的人脈和平台關係來說，是相當重要的事。

簡單歸納一下的話，我認為「成功平台」有三種特質。下面就依序介紹這三項特質。

1. 能否成為一個消除摩擦的存在？

成功平台的第一項特質是，**明確意識到這個平台想解決社會上的哪一種問題。**

成功平台有著非常具體的經營理念，如前所述，是透過消除社會上存在的各種摩擦，並為平台參與者提供新的價值，於是必須要讓參與者得到一些益處，像是比起直接爭論更有效率的做法，或是擴大可選擇的範圍等等。減少摩擦的這項優點才是平台誕生的價值，這個價值愈大，該平台的成功機率就愈高。

反過來也可以說，有摩擦才有機會，伴隨解決摩擦而生的附加價值，以令人滿意的方式分配給所有參與者，藉此讓該平台更加成長茁壯。

成功的企業，具備可以成為企業核心的經營理念。經營理念分為「願景」和

「任務」兩種。各位可以這麼理解：所謂願景，就是以什麼樣的前景為目標；而任務，則是想對社會提供什麼樣的貢獻。

以日本企業知名的理念來說，像是松下電器的創始人松下幸之助所倡導的「自來水哲學」：如同自來水般，以低價大量供給品質良好的物品，藉此拉低物價，以便更容易將商品普及至消費者手中。這是松下先生經歷過戰後混亂期，將自己該對日本達成的任務具體化後設計出的經營理念。

順道一提，平台企業的經營理念，內容如下：

亞馬遜

Earth's most customer centric company.

（地球上最以客為尊的企業。）

谷歌

To organize the world's information and make it universally accessible and useful.

（整理全世界的資訊，讓全世界的人都能接觸並使用它。）

臉書

Bring the world closer together.

（實現一個讓人與人更親近的世界。）

不管哪一種形象都超越ＩＴ的方便性，而且令人感受到他們欲使自己的力量為人所用，擁有試圖改變世界的強烈意志。只要這些經營理念或經營哲學可以喚起顧客的共鳴，顧客就會成為企業的同伴，一同實現這個夢想，為了世界而存在，並去解決某人的問題。想做這個！想實現這個！這種熱情和信念，才是真正能起共鳴的東西。

另一方面，如何把此處誕生的附加價值適當分配給參與者呢？平台方也必須針對這件事情投入心血才行。即使歌頌一個崇高的理念，結果卻立下只有平台方自己賺錢的機制，參與者轉移到其他平台的可能性就會提升。

各位在網路購物時，應該也用過亞馬遜、樂天、奇摩，或是該店購物網頁等各式各樣的網站吧？這種使用複數平台的行為稱為「多宿」（multihoming），一旦遇過令人不滿意的經驗，使用者就會立刻流失到別的平台。

因此，自己成為平台方時，應該轉換想法，抱持這樣的思維：**「不是自己一個人賺一億日圓，而是十個人賺一百億日圓，一個人賺十倍。」**換言之，不要自己一個人悶著頭賺一億日圓，而是十個人一起建立平台，使得全體收益總額增加到一百億日圓。以結果來說，一個人賺得的金額從一億日圓提高到十億日圓，大概是這種感覺。

日本企業多半沒有這種想法，他們覺得：「不管怎樣，不是自己獨占利益才賺得到錢嗎？」所以只顧著讓單獨一家公司賺的錢，從一億日圓增加到十億日圓。從另一方面來說，成功的平台方透過提攜多個企業來使平台茁壯，並思考自己能不能讓所有參與者都有所得。**一個人（一家公司）無法實現的事，可以與多個夥伴一起實現，這正是平台的存在價值。**

舉個例子，據說至今為止企業間的交易（B2B）平台幾乎都不怎麼成功。這是因為針對企業而非個人的狀況下，已經存在著可進行某種程度交流的機制。

儘管如此，被稱為「中國的亞馬遜」的阿里巴巴，仍在Alibaba.com等Ｂ２Ｂ平台上獲得成功。有人指出，這是由於它解決了企業間資金結算可信度低落的問題，不然在中國，就算賣掉商品也拿不到錢。

於是阿里巴巴透過引進「國際支付寶」系統，為企業間資金結算的可信度提供擔保，大幅降低了摩擦。所謂「國際支付寶」，就是透過賣方與買方之間第三方的金融機構，在買賣雙方同意的階段償付貨款的一種機制。

這種方案（手法）運用在物品交易上就是，買家先將貨款寄存在金融機構，物品送達買家手上後，再將該貨款轉入賣家的帳戶，這樣說應該就很容易懂了吧？阿里巴巴的創始人馬雲過去曾有在中小企業工作的經驗，所以非常想幫助中國國內無數的小型企業。

隨後，透過將「國際支付寶」帶到平台上的這項創新之舉，阿里巴巴因提供包括第三方金融在內的所有參與者利益而獲得成功。

立足於這些企業所採取的對策上，當你要以個人身分建立平台時，你的平台經營理念，也就是願景和任務是什麼？又是要解決社會上存在的什麼摩擦呢？或許仔細思考這些會比較好。

因此重要的是，五年後、十年後，你想變成什麼樣子？有些人的目標是擴大現在剛起步的事業，直到上市上櫃，發展國際市場。另外也有人希望盡可能以自己和家人為中心，做自己喜歡的事，並在可能的範圍中自由生活。

若是後者，獲利並非首要目標，就算不賺錢也能繼續這樣的生活，所以如果去思考並解決與社會問題有關的東西，也許腦中就會浮現什麼提示。**自己喜歡的事、拿手的事、社會所必要的事，理想狀態是找到同時擁有這三項條件的理念。**然而比方說，有一件事就算能賺到很多錢，但自己卻不擅長，也很難繼續做下去吧！畢竟「因為喜歡，才會擅長」。

再進一步說，這些理念或哲學也可能隨著年齡或經驗而改變。沒有理由說一旦決定就不能更改。前面提到的臉書，其經營理念就是在二〇一七年六月改的。重要的反倒是去設定實現理念的時間軸。

2. 「空間」的自動增值功能是否活躍？

成功平台的第二項特質，是參加這個「空間」的人與其同伴之間的交流是否活躍。換句話說就是：是否備妥「自動增值功能」。

只要參與者認為，來到這個平台就能滿足自己的需求，他就會將此事告訴身邊的人，隨著這些交流的產生，便能提高平台的價值。重點是，**並非平台方自己去宣傳，而是建立一個由參加者逐一招攬其他參加者的機制**。前面介紹過的亞馬遜聯盟制度，就為這種自動增值貢獻良多。

另外，臉書能在短短幾年間就獲得全世界超過二十億名的使用者，也是因為公開自身製作遊戲的規格（應用程式介面：Application Programming Interface, API），讓很多公司可以自由製作遊戲。

藉由公開API規格，許多公司投入大量的遊戲，而這些遊戲大部分都有「邀請朋友」的功能。為了玩遊戲，必須要邀請朋友，所以一定得成為臉書的會員才行，而臉書的會員就這樣逐漸增加。

結果是，臉書建立起一套機制，即使它不自己宣傳或說服別人加入，也會靠著遊戲製作公司和玩遊戲的使用者自動增加會員。

像這樣，為了擴大平台，想方設法地置入活躍「交流」的機制是很重要的。而要實現這種「自動增值功能」，有四個重要的思路，這些在《媒介：多元平台的新經濟》（*Matchmakers: The New Economics of Multisided Platforms*，哈佛大學商學院出版社〔Harvard Business Review Press〕）中，已由芝加哥大學講師大衛・S・伊凡斯（David S. Evans）和前麻省理工學院史隆管理學院（或稱斯隆商學院；MIT Sloan School of Management）系主任理查・史馬蘭奇（Richard Schmalensee）條列歸納，接下來就依照順序解釋說明吧。

① 立場轉換

這是指像臉書或推特一樣，看其他人發文的人，自己也能發文。當你將你的部落格作為平台時，就是藉由在評論欄書寫回應、登錄為部落格讀者、在對方的部落格留下你的評論等方法，創造出相互交流。

但是部落格的垃圾訊息也很多，所以或許必須下點工夫，例如活用臉書限定朋友觀看的發文，或是限制只有登入會員的人才能留言等等。

② 零摩擦參與

這指的是將發文產生的成本降到最低，例如圖片或短文之類的內容，最好是任誰都能輕鬆發文。ＩＧ或推特會流行起來的原因，也正是由於它是圖片或限制一百四十個字，不管是誰都能輕鬆發文與交流。

③ 建構最佳媒合演算法

所謂的媒合演算法，即是建構一個可以讓參與者遇到他夢寐以求的對象的機制。

比如說，去參加聯誼卻遇不到好姻緣，大多數人應該就會想放棄。反之，若是在去之前就有「喜歡什麼類型的人」「興趣是什麼」「想找哪種思考方式的人」之類的情報，媒合成功的可能性就會大增。

谷歌的搜尋功能會這麼受歡迎，是因為它馬上可以找到搜尋者想要的網站內容。在許多搜尋引擎之中，最早將使用者想要的資訊顯示在搜尋結果上的就是谷歌。

綜上所述，**能做到最佳媒合的演算法，才是這些平台能否自動增值的重要關鍵。**

雖是這麼說，具體而言又該如何建立最佳媒合的演算法才好呢？二〇一四年獲得諾貝爾經濟學獎的法國尚．提諾博士曾說過，可以根據**「四種網絡效應」**的概念來建立這種演算法。

「四種網絡效應」，指的是正負「同邊效應」與正負「跨邊效應」四種。這裡所說的「同邊效應」，是在平台中參加同一個集團所給予的效果；「跨邊效應」則是不同集團所給予的效果。而它們都會各自引發正向和負向的效果，也就是一共能產生四種效應。

只是這樣的描述，應該很難理解它在說什麼吧？所以我們簡單地說明一下，真的不難。

舉個例子，從分為男性和女性團體的聯誼來思考吧！假設你是男的，當你聽到超帥又超有錢的A先生要加入這個男性團體，你感覺如何？老實說，會覺得出現一個強大的競爭對手，應該一點都高興不起來吧？這是在同為男性的團體裡產生的

「負向同邊效應」。

另一方面，如果妳是一名女性，聽到男生那邊有個超帥又超有錢的A先生會加入，妳會怎麼想呢？大部分的人應該會覺得很高興，搞不好認為非去不可。男性A先生加入的這個事實，在女性這個不同團體中，產生了「正向跨邊效應」。

說到這個，那如果是雖然不受女性歡迎，但有知名度的男性B先生參加呢？我想，或許男性因為B先生加入而興致勃勃參加的可能性會提高；另一方面，女性也很有可能變成「雖然B先生不是我的菜，但去看看也無妨」的狀態。這時候，對男性這個同邊團體來說會產生「正向同邊效應」；同樣的，對女性這個非同邊團體則是產生「正向跨邊效應」。

這「四種網絡效應」概念最派得上用場的地方，在於討論該為各團體制定多少價格的時候。比如說在某個聯誼會中，男性要一萬日圓的參加費，女性則是五千日圓，而且依場合不同，有時候女性還免費，這就是很難聚集到女性的情況。不過，要是限定男性參加者的職業必須是醫生或律師，那也曾出現女性反而是付一萬日圓的一方，男性則幾乎免費的狀況。

關於這些價格制定，可以藉由一邊觀察「四種網絡效應」一邊調整，好讓這項「自動增值功能」更加提升。

④ 參與團體的平衡

要實踐「自動增值功能」的第四項思考方式，就是能否維持參與團體的平衡。這一點我們也用實際出現過的案例來說明。

某個相親網站加入了一位絕世美女，大多數的男性就會因為看到她的相片而寄出電子郵件聯繫對方。然而，大量的郵件蜂擁而至，結果卻使這名女性退出。之後這個網站決定，在看到照片前先做興趣或想法的問卷調查，藉此也從心靈方面去媒合，縮小候補者的範疇。這樣調整後的結果，據說男性與女性雙方都得到了很高的滿意度。

以前述的「四種網絡效應」來說，由於他們將負向網絡效應降到最低，可以說是透過實施一些限制，提高了增加好的媒合的可能性，這是「質的平衡」。不過「量的平衡」同樣重要，這一點應該也很容易理解，畢竟男性只有一個人，但女性卻有一百人的聯誼是無法成立的。質量皆取得平衡，便能讓「自動增值功能」更上一層。

3. 是否成功實施品質管理？

以上，雖然「成功平台」的第二項特質不小心寫多了，不過終於談到最後的第三項特質了。這個東西開門見山地講，就是「品質管理」。

在拓展平台時，另一邊若為了權衡（追求一件事而犧牲另一件事），使內容品質降低，或是讓使用者間的衝突愈加頻繁，那麼就是本末倒置了。平台方必須實行一些管理工作，例如設立品質檢驗機制，以免平台遭受弱化。

有一句話說「劣幣驅逐良幣」，比如有個例子叫作「電玩大崩盤」（ATARI Shock）——曾得到北美家用遊戲市場八成市占率，而獲致成功的遊戲機製造廠商雅達利（Atari），在短短數年間，營業額急降至原本的三十分之一左右，最後宣告實質破產。雅達利在賈伯斯（Steve Jobs）仍在職時也是很有名的公司，但雅達利自家公司的遊戲軟體是由第三方製作提供，而且就算是粗製濫造的遊戲也讓玩家遊玩，所以大量品質差勁的遊戲氾濫成災，在出現「雅達利的遊戲全都很爛」的批判後人氣直落，陷入「電玩大崩盤」的狀況中。

最近也有新聞是，推特公司說要出售，但最後誰也沒收購，最主要的原因是它沒有做好品質檢驗。推特也終於意識到這件事的重要性，並已實施合約的更動，不過我注重的是它的實效性。

將這些實例轉化成切身案例：如果你被參加讀書會時認識的人推銷高價商品，應該就不想再去參加那場讀書會了吧？該如何去控制品質，讀書會主辦人必須傾注心力地考量。

到此為止，有關「成功平台的三要件」已經全部講述完畢。簡單歸納一

圖12　成功平台的3要件

1. 能否成為一個消除摩擦的存在？

2.「空間」的自動增值功能是否活躍？

① 立場轉換
② 零摩擦參與
③ 建構最佳媒合演算法
④ 參與團體的平衡

3. 是否成功實施品質管理？

下，就是在構建平台的時候，必須明確地描繪理念，也就是願景與任務，並且為此樹立規則和規範。不只企業如此，在你建立「我的專屬平台」時，這也是至為關鍵的重點。以這些論點為基礎，讓我們繼續進到第四章、第五章吧。

第4章

從理論到實踐——7項研究案例

理論から実践へ——7つのケーススタディ

世界のトップスクールだけで教えられている 最強の人脈術

第4章 從理論到實踐——7項研究案例

現實中，理論或策略什麼時候才有用？

在第二章，對於全世界社會學家日夜研究的網絡理論，大致說明了其概要。而在第三章，則是談到平台策略®這套世界最先進的經營理論。

仰賴著這些理論，我們終於可以在這一章與下一章進入實踐篇了。就如我一直重複強調的，本書的特色始終是實踐。目前為止所說的理論可以在現實的哪種狀況下用到？這些理論又該如何應用在具體的決策上？在這一章，我們會以七個研究案例來歸納整理這些問題。在開始前，我想補充一句：為了讓這些案例好懂到足以形成討論，每一項案例都經過相當程度的簡易化。

Q【案例1】更快成功的人，是A還是B？

假設你是在某間公司任職的上班族。這家公司裡，有A和B兩位前輩，兩位的實際績效都非常好，你也很尊敬他們。A與B的特質如下，你認為誰比較快飛黃騰達呢？

A從畢業工作以來一直都在同一家公司，從早到晚埋頭苦幹以提升工作績效，有薪假也幾乎不休，總是以工作為優先，努力不懈。

B換過好幾家公司，是個很優秀的人才。他準時下班，去和公司外的人一起參加研修會。他休有薪假，並於假期中與留學時的朋友碰面，也會在社群網站或部落格等處發文，提供資訊，進行交流。

A

第二章曾介紹過，芝加哥大學商學院的羅納德・S・博特，以美國某家大型資訊設備製造廠的二百八十四名管理階層為對象進行調查，從中導出「個人網絡內含有許多遠方友人的管理階層，其晉升速度快」的結論。這裡所說的「遠方」，意義不在於「物理距離上的遙遠」，而是「社會距離上的遙遠」。

而後，博特也說道：

不同職位、職業、年代、性別……這些擁有與自己不同特質的人，在有異於自己日常生活環境的地方，做著不一樣的工作。與這種人建立聯繫的人，會很快向管理階層升遷。

擁有富含結構洞的人際網絡的管理者，可能會更快升職，並且迅速到達更高的地位。

換言之就是，「即使在同一家公司，不同職位、世代、性別、人種，又或是公司外部的人……與這些平常生活中不太有緣碰到的人建立關係的人，更能成功」的意思。因此，理論上這個問題的答案是B。

不僅美國，類似的調查在日本也出現了相同的結果（《建立人脈的科學》）。在通常被認為刻板統一的日本企業之中，非典型勞工的比例也已超越四〇%；在邁向全球化的過程中，企業所要的是擁有廣泛視野，無論白領或藍領都能毫無芥蒂地交流的人才。

Q【案例2】能創新的人才是A還是B？

假設你是大型企業X公司的總經理。公司乍看之下順風順水，但如果繼續維持現狀，便有種「現在的主要業務會讓公司愈來愈窮」的危機感，於是你命令底下的人去思考如何開發「新業務」。後補人選有A和B兩位部長。身為總經理的你，該選擇哪位部長來規畫公司的新業務呢？

A部長學歷好又認真。他會忠實執行董事的指示，所以廣受好評。而且他是個工作狂，早上比任何人都早到公司，晚上比所有人都晚下班，好像連週末都在家工作。他每週一次邀請下屬到老地方開會，認真傾聽他們的煩惱。下屬對他的信任是絕對的，大家都認為他是一名「理想的上司」。

另一位B部長先前就有相關工作經驗，跳槽到現在的公司已有五年。他的工作效率確實很高，但即使是面對董事，他也直言不諱地表達自己的看法，並且不厭其煩地參與討論。有時候因為他會明確表達反對意見，一部分的董事對他敬而遠之。中午他會出去與公司外的人或以前的朋友吃飯，回公司後俐落地完成工作，準時下班。他還會積極透過部落格或社群網站蒐集和傳遞資訊，同時大量閱讀書籍，是一名出類拔萃的愛書人。

A

再次根據博特的論點，我想理論上應該仰賴B部長才是。博特提出的「結構洞」理論認為，網絡結構洞大的人，以地位來說處於優勢，同時在行動或談判上的自由度也頗高。

另一方面，要是老跟同一群人待在一起，這種人際網絡的「密度高低」便代表了它的封閉性強弱，而密度愈高，蒐集資訊的能力就愈低。怎麼說呢？這是因為網絡成員間具有「強連結」，同樣的資訊無論如何都會被該網絡共享。

而且，在密度高的人脈網裡，非常難表達不同的意見。這也是由於「強連結」，使這個網絡中的標準和意見容易同化。

據博特所言，在網絡內將自己與其他人比較時，結構洞少的人多半是「結構對等」（與他人處於相同地位）的人；換言之，自己的人脈網幾乎都與其他同事的人脈網重疊的人，就是結構洞少的人。

換句話說，假如你同事認識的人就是你認識的人，那麼你們倆就近乎於結構對等，結構洞很少。在這種狀況下，就算你人不在，公司也不太會因此感到困擾。藉由減少你的人脈網與你同事的重疊率，像是加入其他業界的人，或是不同世代的人，可以使你們擺脫結構對等的狀況，讓結構洞變多。**擁有極少重疊率的人脈網，才有更多機會去取得別人無法拿到的資訊，立足於優勢地位之上。**

這個意思是，人脈網的重點在於「質重於量」。比起與偉人或名人聯繫，擁有只有自己認識但同事都不認識的人的關係（橋梁），更能增加讓自己公司與其他公司結緣的仲介能力，提高自身存在價值。畢竟，只要能具備與其他同事不同而且獨特的人際關係，就能降低「結構對等」的窘境。

一方面，有項研究結果認為「組織若被部分團體的人支配，執行力就會愈來愈差」，這種狀況在社會學上叫作「受到束縛」。

> 在某個組織中，由凝聚力強的小型集團掌握實權，而自己一人無法與之對抗，這種狀態表示組織內的人已受到這個網絡束縛。（中略）即使在企業中，也常會有一些團結的固定派系，或是拍上司馬屁的小團體，會故意針對不屬於他們體系的人。這是由於多數人利用自身的凝聚力，對其他人的行為產生了無形的制約。出現這種類似中小學霸凌行為的結構，著實令人鬱悶。（中略）若能盡量不去干擾周遭人的行動，就更容易提高成效。
>
> （安田雪著《讓我們對「情誼」的奧妙一探究竟》光文社新書）

舉例來說，政治的世界裡有黨紀束縛，禁止投票給與自己所屬政黨相反意見者，但很可惜的是，這種組織在理論上很難提高成效。其原因在於，一旦身陷這種死板僵直的組織之中，就會放棄自我思考，漸漸無法適應現實的變化。

另外，在一間我也熟知的獨裁老闆的公司裡，就算員工提議自己發想的新企畫，最後的結果卻總是由管理階層定下與該提案相反的決策。這麼一來，公司內逐漸充滿著**「不管提什麼案子都不能表達自己的意見，白費工夫」**的氣氛，於是員工們發現，等待獨裁老闆來指示下一步要怎麼做會更有效率，而且他們也開始期待這樣的走向。

最後就變得沒有人要去提案新企畫，挑戰精神旺盛的人一個接一個辭職不幹。

的確，為了讓管理工作執行得更有效率，這種體制有時也頗有成效。然而，長期下來，持續不去聽周圍的聲音，將形成一種難以產生創新的文化，使公司無意間失去競爭力。反過來或許可以這麼說：**能提升績效的組織或員工，是會逃開這種組織內部的「束縛」，並且可以自由行動的存在。**

Q【案例3】「沒有任何長處的人」要怎麼搖身一變，成為「人脈達人」？

我是那種非常怕生的類型，不太擅長聊天。不過在前幾天，我應友人之邀參加了跨業交流活動。雖然我心裡想著要鼓起勇氣跟別人交換名片，但一開始談話的對象對我的自我介紹一點也不感興趣，後來還不知道跑去哪裡了。

接下來的人似乎是房地產業務，一直強迫推銷我去投資中古公寓。結果我只跟這兩個人交換了名片，之後也僅僅是跟邀請我的朋友聊一聊就回家了。我不想再去參加這種跨業交流活動了！

我沒什麼特別能跟人誇耀的東西，也沒有可以對誰產生貢獻的特殊技能。這樣的我，有辦法建立人脈網嗎？

A

舉個例子，即使是「沒有任何長處的人」，也有辦法變成「人脈達人」──只要成為第二章介紹過的網絡理論裡的「橋梁」或「樞紐」，或是更進一步，擔任在第三章介紹過的平台策略®中的「平台方」就好。

依馬克．格蘭諾維特所言，「橋梁」是指將兩個無交集的集團聯繫在一起的位置，比如說製造一個你跟不同公司或職守的A與B三個人見面的機會，僅僅如此，就能把自己置於橋梁的地位上。

當你感到「A跟B應該很合得來」「如果A跟B見了面，說不定會產生什麼化學反應」時，就連同自己在內，三個人一起聚個會。如果很難做到，那麼只安排好A和B的午餐餐敘或面談也無所謂。當然，因為你要當這兩人的中介人，還是請盡可能一起出席。

如此一來，只要開始習慣去為兩個人引薦，接下來就能嘗試挑戰舉辦一個五到七人左右，有主題性的聚會。也就是說，**藉由在一個「空間」召集多人的行為，你**

就能從「橋梁」進化到「樞紐」，又或是「平台方」。從午餐會向空間平台進化的方法，將於下一章解說「平台」的建構方式時論述。

當然，在建立這個「空間平台」時，一定要意識到在第三章講過的「成功平台的三要件」才行。

首先要明白，**這個「空間」是為了消除什麼樣的衝突而存在的平台；而後再聚集一群有著相同理念的人——簡單來說就是「有著共同思想的人」。**不必想得太難，直覺上認為「這個人和那個人應該很合得來」即可。只要將關注相同主題的人齊聚一堂，就會開始談天說地，話題源源不絕。如此一來，便啟動了平台的「自動增值功能」。

身為平台方的你，可以一個一個去問參加者關心什麼事情，藉此讓所有參加者都有機會發言。在有限時的狀況下，如何分配時間也是很重要的，而這正是作為平台方的你所要負責的任務。當然，在七嘴八舌、吵吵鬧鬧的店裡是無法順利對談的。可以的話，**請準備一間單獨的房間，參加人數在七人以內。**以我的經驗來說，要讓所有成員都能分享同一個話題，五到七人左右最為恰當。

接下來，「品質管理」比什麼都重要。

正因為加入這個「空間」的人與你熟識，他們才能放心到場參與；但如果參加者裡有個糟糕的壞傢伙，你的個人評價就會因此一落千丈。參與者也會認為，既然你被評選為「中介人」，你必須回應他們的期待。

就像我不斷強調的，認識很多人是不能被稱作「人脈達人」的。況且，這與朋友不多、不擅長聊天等屬性毫無關係。**只要你的人脈資產對你重要的朋友有幫助，就能加強並發展你獨有的人脈網。**因為你的人脈網和任何人都不一樣，才能成為你的優勢。

Q【案例4】想從金融業轉行到IT業，最好的辦法是什麼？

我在某間金融機構工作。雖然待遇我很滿意，但隨著未來AI的普及，我擔心以後這份工作會被電腦取代。聽說美國投資銀行龍頭高盛集團（The Goldman Sachs

Group）的紐約總公司過去曾有六百名證券交易員，但二〇一七年僅剩兩名交易員而已，因為他們的工作被「證券自動交易程式」奪走了。

我的朋友中，有的自行創業，有的轉到新創企業任職，看到他們工作得生龍活虎的模樣，我也想在自己力所能及的範疇內，到IT等其他產業試試自己的實力，這樣的挑戰慾望日漸增強。

然而，現在的我跟IT業一點關係也沒有，而且自己到底能做什麼也是未知數。可以的話希望轉換跑道，但到底該怎麼做才好呢？這種煩惱當然沒辦法跟同事講，不過跟一些真正親近的人商量，也不太能展開什麼具體行動。我應該先辭職，再去找新工作嗎？

A

在AI化的潮流中，金融機關的裁員已成現實。尤其是分析數字的審查或貸款等業務，在不久的將來，極有可能被ＡＩ取代。

另一方面，有句諺語叫作「別人家的草坪比較綠」。我可以理解你看到朋友的活躍而感到焦慮，但真正重要的應該是清楚知道自己有著什麼樣的理念，比如你想做什麼、未來想變成什麼模樣。然後我建議，**在你還待在目前的職場時，去尋找能成為自己轉行目標的ＩＴ業人士，並建構與他們交流的網絡關係。**

在第二章，曾解釋過「小世界網絡」，這個現象告訴我們世界意外的狹小，以社群網站蓬勃發展的今天來看，要與你感興趣的業界人士建立聯繫絕對不難。比如說訂閱你想認識的人的部落格，蒐集他所參加的活動情報，或是積極出席自己有興趣的業界活動也不錯。

最初或許會覺得有些距離感，但是參加幾次後，你甚至能與參與者成為朋友也說不定。如果有人約你去喝一杯，就積極一點參加，這樣的話，應該也能自然而然取得該業界的資訊。

對於你的「換工作是不是要先辭職比較好」這個問題，確實很有可能會有一些人跟你說最好先辭掉工作；不過，這種方式也有其風險。以我自己的經驗來說，從興銀跳槽到NTT Docomo，我是還在職就開始準備換工作。當然，我並未向自己所任職的地方報告這件事，不過因為不太好請假，那時候是過著下班後去面試，面試完再回公司加班的生活。

我四十五歲辭去NTT Docomo的工作時，雖然承蒙許多建議，但最後還是在未決定新的職業方向的狀況下辭職。現在回過頭來看，還真是相當危險的做法啊！如果沒有決定轉行目標就先辭掉工作，結果哪裡也去不了的危險性當然會增加。我還是建議，在職時與理想中的業界人士建立人脈網，同時一邊騎驢找馬，找新工作。

其原因就如同我們在第二章解說過的，對你現在所屬的企業來說，將「不被許可的三方關係」透過弱連結（也就是橋梁），轉換成資訊傳播效率更好也更大的「小世界網絡」，也是一件很有益的事情，**說不定你能離開目前的部門，調職到與ＩＴ業有關的部門**。即使是在金融機構，熟悉ＩＴ的人才也很不足，因此你也可能待在原本的工作環境便達成自身期望。

如果你無論如何都想跳槽到別家公司，那就試著在人力網站上登記你的個人資訊和目標方向。或是LinkedIn也有一些專業的獵人頭顧問，尤其是想轉行到外資公司的人，可以透過積極填寫個人資訊來與對方聯繫。

雖是這麼說，不過一旦在公司頻繁休假、外出，並與身邊的人商量，便會出現「這人想離職」的風言風語，然而結果卻沒成功轉職的話，大概會覺得很丟臉吧！這種時候，正適合發揮格蘭諾維特理論的威力，也就是「在索取有價值的資訊時，比起家人、好友、同事這種堅固人脈網（強連結），社群網站的運用、朋友的朋友之類的薄弱人脈網（弱連結）更為重要」。

前面說過，我個人的經驗也是如此。我與其他金融機構的人共進午餐時，聊到通訊業的事情，聽到他們說NTT Docomo正在大量徵才，從中產生興趣，接著報名應徵面試後才順利轉行的。

因此，**你應當積極參與自己所關心的那個業界或公司的人所聚集的活動，主動向你有興趣的業界或公司的人搭話，建立你們的微弱聯繫。**在這個基礎上，再利用某個時機點，去聽聽看他們公司的氣氛等詳細情形。畢竟也曾發生這種事：就算是外人看起來很令人羨慕的工作環境，真實情況也時有不同；而且每家公司各自有其獨特的企業文化，所以即使是對別人而言很不錯的公司，對自己來說也不一定如此。

Q【案例5】社群網站的好友數難以成長，有什麼祕訣嗎？

我對網路不太熟。在網路上做生意時，聽說提高社群網站的好友數，或電子報、部落格的讀者數很重要。於是我為了努力擴大交友圈，就算是沒見過面的人，只要他的好友數高，我便向他「加朋友」，或是登記成為他部落格的讀者……然而我的好友數卻沒什麼增加。

雖然我也把那些跟我交換過名片的人的信箱登錄在電子報名單中，並寄給他們電子報，但是從前幾天認識的人那裡收到一些抱怨，讓我煩惱這樣做是不是反而失去了大家的信任。我該怎麼做比較好？

A

的確有人指出，商業網路世界裡，在人脈網數量較多的情況下，有益於內容的販售或講座等活動的召集，因此更容易產生收益。在第二章介紹過的網絡理論裡，也有一個叫作「點度中心性」的概念，認為連結數量多的人是核心，也就是很重要的意思。

然而，也有「中介中心性」的概念，這種思想認為數量多寡不重要，能為誰與誰中介比較重要。

為了在商業上活用人脈網，**重要的是如何使相信你的言論的支持者增加。**過去在行銷上有一種叫作行銷漏斗的思考模式，它指出重點是如何招攬更多的潛在客戶，從中培育出可能會產生購買行為的人，並在最後使他們消費（成交），於是數字的邏輯規則才會這麼受到重視。

不過在平台策略®中，加入你的平台的人是否會成為你的支持者，並透過評論代替你宣傳你的商品或服務更為重要。

因此重點是，即使是少數，也要以最大限度的努力去滿足現在相信你的顧客。若能建立起深厚的信賴關係，這名顧客或許就會向自己認識的人推薦這項商品或服務。如此一來，就算你自己不去宣傳，也有可能使更多的人成為你的客戶。

並非在數量上下工夫，而是將喜歡你的商品或服務的人聚在一起，並更進一步使他們成為你的支持者。而為了讓他們更喜歡這項商品或服務，你就會索取顧客回饋並進行改良，形成與支持者並肩進步的意識是不可或缺的。

Q【案例6】我想辦讀書會，要怎麼做才好？

我是一個在公司任職的上班族。因為非常喜歡讀書，從商業書到推理小說等各式各樣的書我都有涉獵。不過，好不容易讀完的書也會很快忘光它的內容，因此從差不多一年前開始，我就不定期在部落格撰寫讀書心得。畢竟是自己的讀書備忘錄，我不太在意瀏覽數等數據，不過很可惜的是也沒什麼人來看。於是我便開始想辦一個人數少的讀書會。說是這麼說，但每次都要我去聊讀書的話題實在有點辛苦，而且現在也沒有其他同伴，所以我很苦惱到底要怎麼開始做這件事比較好。

A

我覺得可以持續撰寫讀書心得部落格一年之久，實在是很厲害，我想你應該也有一定數量的讀者吧？要主辦讀書會這種平台，有好幾種方法。

正如同我們在第三章所講的，在平台策略®中，去籌備一個解決衝突的「空間」是很重要的。在這裡先試著想看看，**跟你一樣的上班族「內心有怎樣的煩惱」呢？**

我第一個想到的是，**和你一樣撰寫讀書心得部落格的人，是不是有「一個人寫這些很無聊」的煩惱呢？**如果是的話，向其他也在撰寫讀書心得的部落客搭訕，互相介紹書籍也是一種辦法。

另外，雖然想讀書，但幾乎抽不出時間閱讀而苦惱的人應該也很多吧？在這種情況下，說不定每週或每個月固定時間到咖啡廳來個讀書小聚也不錯。

若因地區限制而難以參加，也有一種方法是舉辦線上讀書會。最近Skype或ZOOM雲端視訊會議等免費或低價的線上會議系統，其功能愈來愈豐富，可以不受限於地點或時間就舉辦這類活動。關於ZOOM的使用方式，將於第五章詳細說明。

再來，還有一種方式是，舉辦一個邀請作者來參加的演講或讀書會。這種方式的門檻比較高，可能會多出演講費、場地費、公告用的廣告費支出，不過也有讓它圓滿成功的辦法，這一點也將於第五章解釋其具體做法。

首先，就算部落格或社群網站讀者很少，也要鼓起勇氣在一個月以前公告讀書會訊息。等到有望吸引許多人報名，再決定要不要舉辦就好。具體的主題、日期時間、地點只要先大致訂下來，當有報名者的時候再個別以電子郵件等方式聯絡。就算沒有找到人來參加，也別放棄，多挑戰幾次。

剛開始即使人數很少，也要讓參加者輪流擔任講師，或是邀約參加者的朋友前來擔任講師，**使所有參加者都能依序扮演平台方的角色**，應該可以促成一系列活潑生動的讀書會。這裡要注意一點，不要貿然壯大活動規模，而是要維持一定的品質。換言之，就是限制真正喜歡讀書的人、會好好遵守活動基本規則的人報名參與。

以前，我曾有過在某場研討會上被突然起立並開始宣傳自家服務的人嚇一跳的經驗。這種活動雖然是免費開放，不過讓人明顯感覺到——**免費雖然對招攬參加者很有效，但很難管控活動品質**。請再複習一下「成功平台的三要件」的內容吧！

Q【案例7】如何在臉書建立「我的專屬平台」？

我是一個非常普通的人，沒什麼特長、經驗、知識。臉書或ＩＧ上，只是發一些在餐廳吃的餐點，或跟朋友度過快樂時光的照片等瑣事。其實我也想因為某個理由來經營臉書，建立一個雲端平台，但對我這種人來說是不是很難啊？

A

建立「我的專屬平台」的具體方法將在第五章解釋，不過運用社群網站打造線上平台的辦法比較簡單，所以這一題就用這種問答的形式來介紹吧！當然，在這之前請先仔細確認服務提供廠商的合約等資訊。

就像第三章以聯誼召集人為例來解說的一樣，平台方所需要具備的資質，是如何滿足參加者的需求，同時能否減輕他們的衝突。召集人不需要去當一個帥哥或美女，畢竟平台方是透過與其他人聯盟（合作）而壯大。換言之，**就算只是介紹別人產出的內容，只要它有益於讀者，就能成為一個出色的平台。**

以我的情況來說，我以對自己的臉書粉絲團和平台策略®感興趣的人，以及對商業模式或區塊鏈有興趣的人為對象，來經營我的臉書粉絲團。在臉書粉絲團上，最重要的是主題明確。仔細搜尋，確認有沒有與自己內容相似的粉絲團，然後頻繁介紹你認為對關心這個主題的人來說有益的資訊，不管它是你的原創內容還是別人的作品都無所謂。

當然，若你是這個領域的專家或擁有這個領域的著作，就在部落格上撰寫原創內容，再發到粉絲團介紹。

我所做的，只不過是利用Google Alerts等谷歌所提供的免費工具，來介紹特定主題中的最新資訊而已。舉例來說，只要事先在Google Alerts輸入「平台」等詞彙，它就會以電子郵件發給我們含有這個關鍵字的網路新聞網址。

確認這些新聞後，只要覺得哪一則對讀者有益，就將它的網址連同我的評論一起推薦給大家。藉由這種方式，即使我沒有自己原創的資訊，對讀者來說仍是一個助益良多的平台。

現在，許多手機App專門刊登特定選稿人介紹的世界新聞，而且人氣很旺，但希望大家注意一件事：在這種商業模式裡，不管是提供新聞者、篩選新聞者，還是撰寫評論者，全都不是平台方，而是第三方；儘管如此，它也仍舊被稱為新聞網。**不是由自己一個人去做所有事情，而是如何取得其他人的幫助**，這一點很重要。

再來，粉絲團有指定發文成員的功能，我所經營的社團法人平台策略®協會所認定的顧問也能在我的粉絲團上發文，也就是可以與夥伴們一起經營管理粉絲團。另外，若是利用郵件群組的功能，就能建立特定夥伴的郵寄名單。發文有公開、朋友、只限本人（沒有人知道它的存在）三種種類，只要因應自己的目的來選擇即可。

最近流行的付費雲端社群等服務，也是一個活用臉書郵件群組的例子。換句話說，就是只對繳交會費的人發出加入郵件群組的邀請，藉此促成一個實質上的社群。

如此一來，就算你自身不一定提供原創內容，只要介紹一些有益於讀者的資訊，就能構建出一個社群網站平台。以這些知識為本，下一章我們終於要來學習有關「我的專屬平台」的實踐內容了。

第5章

超實用！「我的專屬平台」構築法

超実践「マイプラットフォーム」のつくり方

世界のトップスクールだけで
教えられている最強の人脈術

線上虛擬與線下實體，同步進攻！

在網絡理論和平台策略®上，跑在世界最前頭的研究人員們到底發展出什麼樣的討論？將這些議題當作研究案例來思考時，又導出了什麼樣的結論？我們前面談了這些話題。我想應該有不少人感到意外，這些討論的科學觀點與「人脈」這個詞在日本給人的模糊印象全然不同。

以這些論述為基礎，這一章終於可以談到如何在我們的日常生活中「實踐」這些理論了。關於本書特色「商業人脈」，還有如何成功建立一個可以自動拓展生意的「我的專屬平台」，我都會盡可能用易懂的方式告訴各位。

大致上來說，「我的專屬平台」分成兩種，一種是不使用社群網站的線下實體平台，另一種是活用社群網站等網路工具的線上虛擬平台。而這一章，我們會先以網絡理論或平台策略®，針對線下建立「專屬平台」的方式來進行說明，同時從中對於運用社群網站的線上「我的專屬平台」建構方式，展開更多討論。

首先就從線下開始。第二章我們解釋過「弱連結的力量」這套理論。大概複習一下，這套理論的核心如下：

堅固人脈網裡的資訊多半是已知情報；相反的，從薄弱人脈網中所獲得的資訊，既未知又重要。

有價值的情報在傳播時，比起家人、摯友、同一個職場的夥伴等堅固人脈網（強連結），約略認識卻不熟的人或朋友的朋友這種薄弱人脈網（弱連結）更為重要。

而且前面也提到，「弱連結」還有作為雙方「橋梁」的功用。正因弱連結會成為聯繫堅固人脈網之間關係的橋梁，才能在傳播資訊上扮演重要的角色。最快讓自己在線下成為這個橋梁的辦法，就是第二章提到過的「善用午餐會」。活用這種午餐會，就能直接將自己打造成「樞紐」，未來將變成平台方，不過我們得先將有關這種「午餐會力量」的詳細內容告訴各位讀者才是。

在過去二十幾年間，我大概已經與五千名以上的人一起吃過午餐了。舉例來說，如果有個下午兩點在新宿的約，我會邀請在那附近工作的朋友參加午餐會，甚至可以說——**我幾乎每天都在跟某個人共進午餐。**

要與對方加深關係的方法有很多，為什麼偏偏選午餐會這一種？因為在這段約一個小時的工作空檔，可以邊填飽肚子邊聊天的午餐會，是最恰當也最有效率的。就算彼此幾乎不怎麼熟悉，只要在飯桌上，人就會變得健談起來。畢竟在進食時，腦中會分泌出抗焦慮劑與腦內啡等物質，使人感到幸福。

只要在絕妙的店吃到好吃的飯菜，那種幸福感就會倍增，有時候或許會說出在會議室裡絕對不會講的話。**「這些話我只在這裡才說，那件事其實是這樣……」**像這樣偷偷談論重要事項的經驗，我曾經有過好幾次。

再來，如果你已經決定要與這個人一起共事，**事先跟對方吃過一頓飯，與直接在會議室談工作，兩者的親切感完全不同。**這樣說或許有點誇張，但是一起共進午餐的夥伴，比起僅止於在會議室見面的交易對象，應該更有正面印象吧？

我想有人會認為，晚餐可以慢慢聊天，所以比午餐更好；但我卻不太會選擇晚餐。一旦飯後順勢去了二次聚會，最後就會長時間被對方綁住。而且晚上常常會喝點酒，這樣一來就會出現無法控制自己情緒的狀況。

那早餐會議怎麼樣？這個我不覺得不好，但就很難去約一些住得遠的人或長輩。有些人不擅長早起，所以如果約吃早餐，還得適當提醒一下對方。這樣斟酌起來，果然還是午餐會略勝一籌。

面對這些你預計將共事的人，**午餐會是一個可以確認他人與自己的「波長」是否吻合的場合。**所謂波長，是一種「只要跟這個人一起，好像什麼事都辦得到」的興奮感。很可惜的是，這種波長不太能透過線上的社群網站或電子郵件來判斷；只有位於同樣的空間、共享相同的空氣時才能體會。在最新的管理學理論上，也有人指出這種「場所」的重要性。甚至可以說，**正是因為現在是社群網站的全盛時期，面對面對談的重要性才會愈來愈高。**

透過「午餐聯盟」成為橋梁

這種好處良多的午餐會，其實其中也具備能使你成為橋梁的一套強大辦法。為了要在生意場上成為橋梁，你必須變成一名**「生意仲介人」**，而你的平台就設定在午餐會上。我稱之為「午餐聯盟」，聯盟的意思就是「合作」。

「生意仲介人」的最大好處在於，就算你本身沒有任何長處，也無法為對方提出什麼有益的建議，**只要介紹一個人，就能獲得對方的感激，並提高自己的價值。**如第二章所說明的，網絡理論是著眼在某人與他人的關聯性上，比如他的朋友關係，並藉此自我了解的一種學問。透過分析人與人之間的聯繫，掌握目標對象的人或物的本質。因此，個人的屬性特徵絕對不成問題。

當然，就算作為一個「生意仲介人」，也不一定會為你帶來什麼工作。然而，如果不是兩個人，而是三人以上的會談，那麼僅是傾聽別人的談話也能讓自己學到不少東西。而且，若由你擔任中間人，就只能透過你為他們牽線，那麼你也可以藉由舉辦午餐聯盟來將自己放在橋梁的位置上。

除了午餐會以外，「聯盟」式的思考方式也十分重要。假如你有什麼東西可以教別人，那就試著向朋友或認識的人舉辦一個免費的小聚會。不管是你的手工藝興趣也好，做菜技巧也好，打掃撇步也好，什麼主題都可以。若你打算開一家餐廳，舉辦「走訪好吃餐廳活動」也很不錯。

藉著召集這些活動，原本在午餐聯盟時期作為「橋梁」的人，就會慢慢進化成一名「樞紐」或「平台方」了。

在第四章〈【案例3】「沒有任何長處的人」要怎麼搖身一變，成為「人脈達人」?〉的回答裡也提到，一旦成為一個五到七人左右聚會的主辦人，就能變成第二章介紹的網絡理論裡的「樞紐」，與第三章介紹的平台策略®中的「平台方」。在三人午餐會上，你為不同組織的A與B牽線，你的身分是「橋梁」；只要再進一步成為將許多人齊聚一堂的多人午餐會或講座等活動的召集人，就可以慢慢進化為「樞紐」或「平台方」。

在這種狀況下，就算自己只是一個沒什麼特別內涵或專業的普通上班族，只要可以請來能談論一些有趣內容的講師，並且有能力主辦一場讀書會或講座，那麼隨著時間的累積，你舉辦的活動就會有許多愛書人或編輯前來參加。然後一旦可以定期召集某種程度的參加人數，也許一些知名作家會因為賣書的考量而擔任你的講師，說不定甚至能在這場活動上促成作家與編輯的往來。

實際上，我曾收到「我們會買二十本你的書，還會請你吃壽司，所以可不可以請你來參加我們的早餐會？」的邀約，因此有過一大早就出門前往築地早餐會的經驗。那場活動的主辦人是後來出了一本暢銷書《成功者的筆記本都記些什麼？》（臺灣繁體版為大田）的美崎榮一郎。在這場名為「築地早餐會」的早餐會上，我還有幸遇見了活躍在電視上的大竹真一郎醫生。

活動參加人數增加後，就會有更知名的人來參加；知名人士參加後，又會有更多人來參加……從中產生所謂的「正向回饋」。如此一來，你所主辦的讀書會這個「平台」，或許就能藉由參與者的評價而更加壯大。**一開始規模小一點也無所謂，重點是要展開一場可以在某種程度聚焦於一個主題上，進行熱烈交流與討論的活動。**

當然，這時也必須意識到第三章所說的「成功平台的三要件」，首先一定要明確知道這是一個用來消除什麼樣的摩擦而存在的平台，並且在這個基礎上展開熱烈交流。然後最重要的，還是「品質管理」。

二〇一七年，我在靜岡縣的熱海開設了一間名為「熱海露臺」的研習活動中心。原因是，畢竟我自己也是一名「樞紐」，所以想辦一些人數少且密集度高的長期研討會和交流會。在熱海露臺中，實體研討會和線上研討會都會一起舉辦，不過還是有個傾向：真正在現實中見過面的人，比較能從中接洽到新的工作。事實上，我也因此增加了一些顧問工作上的客戶。將來我也預計要更進一步，將其運用在研討會或與當地經濟界人士的交流上。

線上要善用「3大媒體型態」

以上均為線下實體「我的專屬平台」的理想情況，但我再強調一次，即使以我的經驗來說也毫無疑問的一件事——正因為現在是社群網站的全盛時期，不只網路上的交流，同時也拓展真實的面對面交流，這樣的做法會更有成效。

以此為前提，向平台方邁進之道仍然是完美活用線上平台。當然，**線下與線上並不能完全區分開來，它們是一種互補的關係。**

線上的厲害之處在於，儘管它的營運成本費趨近於零，卻具有能使單一個人與大企業匹敵的威力。比如說自製一段有趣的影片，在YouTube上持續發表更新的人叫作YouTuber；全球知名的YouTuber中，甚至有人的訂閱者數量達到六千萬人以上，影片觀看次數超過一百五十億次，其廣告收入據說最高超過十億日圓。

在考量如何建構線上的「我的專屬平台」時，必須充分運用所謂的「媒體」才行，於是我們先來解釋這些你應該善用的媒體的種類。

媒體可以大致分成三個種類，又稱「三大媒體型態」（Triple Media）。所謂的三大媒體類型，指的是在企業行銷上作為核心的三種媒體。具體來說就是「付費媒體」（Pald Media；花錢購買的媒體）、「自有媒體」（Owned Media；屬於自己的媒體），以及「賺得媒體」（Earned Media；可以獲得信賴或評價的媒體）。

付費媒體就是廣告，具體而言是指電視或廣播的廣告，或是報章雜誌、網路、室外看板等廣告或傳單等等。自有媒體則是為了經營自家公司而產生，可以自行控制的媒體，具體來說就是公司的官方網站、自家公司經營的網站、電子報、部落格、自家公司的商店或商品包裝等等，同時也包括實體店面在內。

最後的賺得媒體，就是類似臉書或推特之類的社群網站，或是線上討論區、影

圖13 3大媒體型態的類別

付費媒體(Paid Media):花錢購買的媒體
→ 電視、廣播、報紙、雜誌、網路等廣告……
自有媒體(Owned Media):屬於自己的媒體
→ 官方網站、電子報、部落格……
賺得媒體(Earned Media):可以獲得信賴或評價的媒體
→ 臉書或推特等社群網站、線上討論區……

片分享網站、電商網站的評論或感想文等等。賺得媒體的特色是,不會受到企業控制。但是最近幾年,因好評「造假」而爆發爭議的案例、競爭對手惡意洗負評的例子也變多了,由於在可信度上出現了問題,必須去了解一下經營這種媒體的竅門。

然後,就是運用這三大媒體型態,來打造線上的「我的專屬平台」了。不過,在這三種媒體之中,最重要的是第二種的自有媒體。適合作為自有媒體的是電子報與部落格,這一點就如我們之前提到的。官方網站當然也屬於自有媒體,但我認為像部落格這種可以隨著時間即時更新內容的媒體更加妥當。

另外，在電子報和部落格上，近年電子報的開信率愈來愈低，因此也會利用LINE等通訊軟體來炒人氣。再加上，電子報或社群網站的瀏覽數會隨著時間而減少，但部落格卻可以搜出舊文章來閱讀，而且文章數量愈多，在網路上的積累就愈多，這些都能當作你的「資產」來累積。

重點是，**將這些部落格、官網、電子報等自有媒體，與可以宣傳它的社群網站等賺得媒體聯合起來。**

稍微先抓一下重點吧！**線上虛擬的「我的專屬平台」，要在培養「自有媒體」的同時以「賺得媒體」擴散出去**，透過取得讀者的共鳴來獲得他們的信任，並逐漸成長壯大。

使用部落格服務時的注意要點

接下來，具體該如何撰寫部落格比較好呢？我的部落格是針對公司管理者的商管部落格，我的規畫是以這個部落格為主軸，藉由臉書、推特、LinkedIn、Google+[16]等媒介來宣傳介紹部落格的文章。特別是刊載在Google+上，多半能讓它在搜尋引擎的結果被列在前幾名。

一般經營部落格有兩種方式，一種是運用Ameba或Livedoor部落格等免費部落格服務；另一種則是自己租伺服器並取得網域名稱（類似網路上的地址資訊），並且採用WordPress等內容管理系統（content management system, CMS）的免費軟體自行架設部落格。

日本的免費部落格服務中，有Ameba、Livedoor、FC2、Seesaa、Hatena、Yahoo!奇摩、Excite[17]等五花八門的平台。網路上有很多比較這些部落格服務內容的

16 Google+的個人帳戶已於二〇一九年四月二日停用，現在僅限企業或教育機構的 G Suite 帳號使用。

17 以上皆為日本的部落格平台，臺灣較為知名的有痞客邦（PIXNET）、隨意窩（Xuite）、字媒體（ZiMedia）、Blogger等。

網站，建議各位在研究時多加確認。

在使用這些部落格平台的時候，雖然可以簡單開通部落格，不過免費使用時會被置入廣告，所以必須去注意平台商是否規定禁止商用。依照情況不同，有時候也會發生寫了好幾年的部落格突然因違反規章而被刪除的狀況，請多留意。

現在，**部落格主要是運用在建立自身品牌形象**，或與支持者互動的用途上。即使是普通人，也有不少人被稱為頂尖部落客；有的案例是在時尚或美容等特定領域吸引大量人氣後，再透過出書等方式成為名人。最近出版社委託這些頂尖部落客寫書的情況也愈來愈多了。

吸引到無法「轉換」的人，就沒有意義

以我自己的部落格發展為例，來聊聊建立部落格的方法。我在自主創業後，第一件事是開始寫部落格，現在也持續在Ameba部落格以官方部落客的身分執筆。

Ameba部落格是由CyberAgent公司提供的免費部落格服務。

當初開始寫部落格時，我並沒有那麼明確的策略規畫，與現在相比，寫得更自由隨心。當時，**我想把它當作蒐集將來書籍內容梗概的備忘錄，同時也意識到自己寫的東西是給未來我的新書讀者的訊息。**

Ameba部落格有讀者訂閱功能，這是藉由申請成為自己欣賞的部落格讀者，好在他更新文章時收到通知的一個機制，其他還搭載了許多標準功能。而且，不少藝人會採用這個部落格平台，也比較容易吸引到訪客。對其他部落客的文章按讚來訂閱他的部落格時，對方也會禮尚往來地申請成為你的讀者。

有許多讀者訂閱的部落格，會被認為是具有閱讀價值的部落格，所以聽說在谷歌等搜尋引擎上的排名會列在比較前面的位置。我的部落格現在雖然沒有積極促進讀者的訂閱，不過我覺得在社群網站上發布的通知、日本部落格村排行榜網站上的刊載，效果很好。另外，去對一些自己有興趣的部落格申請讀者訂閱的效果也不錯。

其實，我還利用前述的免費軟體WordPress（有關WordPress的內容將另外說明）經營另一個部落格「卡爾經營管理補習班」〈https://www.carlbusinessschool.

com〉。這個部落格聚焦在與經營管理技術有關的內容上，畢竟它的讀者是以企業管理者或關注經營管理的人為目標對象。透過簡單解說企管理論或商業模式等艱難的理論，即使是一個人也能成為眾人的力量，這是它的經營理念。

那麼，在開通一個部落格後，應該先做什麼呢？或許各位腦中會閃過「如何吸引訪客數或瀏覽數」等問題，不過，最初不去想這些東西也沒關係。被認為內容對讀者有益的文章，在搜尋引擎上也可以獲得較高的評分，經過一段時間後，便會隨著文章數的增加而出現在搜尋引擎的前幾名上。畢竟我的部落格也一樣，將近一半的瀏覽數都是透過搜尋引擎而來，就算是非常舊的文章也有人造訪。

重要的是，**將內容呈現給與你的目標一致的人**（想增加廣告收入的人除外），**提升瀏覽數本身未必那麼重要**。

世界上有一些人採用人稱「負面行銷」的手法，故意促使他人發表謾罵或負評來引爆話題以賺取訪問數，藉此獲得廣告收入。然而，如果你的最終目的是銷售你的商品，那麼即使你的知名度或網站訪客數因眾人的罵聲而飛快成長，但想從你那裡購買商品的人大概很少吧。

最後吸引到一大堆無法「轉換」的人，其實沒什麼意義。**所謂的轉換，就是使對方在網站上實現你的目標。**舉例來說，如果你想在線上賣點東西，那麼直到購買結帳的階段才算轉換成功。因此即使找來好幾個不買東西的人，也幾乎是毫無價值。

為了導出部落格經營目的的「3THEN」

那麼，在部落格上要寫些什麼？在撰寫部落格或電子報時，最重要的是將你的目的明確化，像是：「以誰為目標族群？」「打算建立怎樣的平台？」「最後想讓讀者進行什麼行動？」「它的願景和任務又是什麼？」「想在這裡實現什麼事情？」

第三章講過，成功平台的特色在於必須清楚描繪出理念，也就是願景與任務，並為此制定規則和規範。而在你的平台部落格上書寫文章時，必須去寫一些與這項理念相符的內容。

如果可以具體表達讀者的喜悅、困擾、不滿等想法，並且展現自己如何解決

這些問題，讀者大概就會認為這是一篇有用的文章。許多人的部落格就像是日記一樣，不知為何淨是寫一些日常生活情景的東西。當然，我也不是要否定這種部落格的存在，但假如你以建立「我的專屬平台」為目標，那麼可以說，清楚顯示你想促使讀者做出什麼樣的行動是很重要的。

豐田汽車解決問題的「5WHY?」分析法，實在非常有名。這是在發生問題時，反覆詢問五次「為什麼？」藉此找到問題原因所在的一種方法。

在思考部落格等專屬平台的目標時，我提倡的並非是豐田的「5WHY?」而是「3THEN」（三次然後呢）。這是為了去了解自己的目的而創造的一種機制。

想寫部落格，然後呢？

如果這個答案是「想將自己的想法跟其他人分享」的話，然後呢？

如果這個答案是「想跟有共鳴的人交流」的話，然後呢？

如果這個答案是「希望他們來參加我的研討會」的話，就會清楚知道你寫部落格的目的：遇到會對你的想法產生共鳴的人，與他們交流，並且希望他們來參加自己的研討會。

也可以根據每一項目標的不同，而將部落格分成好幾個來經營。此外，將讀者視為第一優先，**設想出一個具體的讀者形象，像是跟他們說話一般，以簡單易懂的文字（國中生也看得懂的文章）來寫作是很重要的。**文章盡可能短小簡潔，段落與段落之間留白，配上插圖讓文章更醒目，透過這些方式可以讓文章更好讀。

尤其是那些與你計畫中的主題相似的人氣部落格，事先確認他們有哪些設計、排版、內容是很重要的。雖然行銷界稱之為「內容行銷」，但重要的是透過不斷發布使用者需要的內容文章，讓使用者成為你的粉絲，比如說若以最終消費為目的，那達到這個目標的過程就很重要。

個人品牌就用「咖哩拉麵法則」

關於部落格的內容，還有一件事：它的內容會依據「你最後想透過這個部落格，將自己打造成什麼樣的個人品牌」，或是「你想撰寫什麼樣的特定主題」而有所差異。

舉個例子，假如你將來想成為政治家或藝人，你的目的就是讓全世界知道「自己」這項商品，所以一定要清楚知道「你能給讀者什麼好處」，**發布能讓讀者感動、喜歡上你的內容，同時也一起介紹你的人格特質或生活方式等資訊。**

另一方面，還有一種辦法是發表關於某個主題的資訊。比如將範圍集中在撰寫書評、談論拉麵、詳細解說哲學等特定領域之中。重點是，從你個人的視角出發，藉由讓某個主題染上你獨特的光彩來展示你的個人特色。一旦關注這主題的人覺得它有益，那麼接下來應該就會成為你文章的支持者。

哈佛商學院的麥可．波特可說是經營策略論的權威，他在為使企業獲勝的經營策略中提出「成本導向」「差異化」「聚焦」三項策略。「聚焦」可以分別搭配「成本導向」或「差異化」。換言之，就是有「成本導向×聚焦」與「差異化×聚焦」兩種策略。以此為本，規畫設定部落格的主題時，又有什麼樣的建議呢？

所謂「成本導向」，就是像麥當勞那種大型企業以大量生產來降低成本的一種策略，不過這並不等於降價促銷。成本低就能壓低定價，但畢竟也不是一定要降價出售。重要的是，擁有定價的決定權這一點。

雖說如此，個人或中小企業跟大公司比起來，要實現成本導向或許相當困難。因此我推薦的是第二個「差異化×聚焦」策略。「差異化」是讓自己與其他公司（別人）不同的意思。「聚焦」就是指集中在某個特定領域或地區上。

我建議以這項「差異化×聚焦」策略為基礎來打造個人品牌，這就是我在拙著《哈佛商學院講師教你永遠不敗的自我經營術》（臺灣繁體版為智富）與《卡爾教授教你用興趣找到你的成功天職》（GOMA BOOKS）所提倡的「咖哩拉麵法則」。

世界上有許多專門研究咖哩的專家，專門研究拉麵的專家也很多，但是，結合咖哩與拉麵兩者的專家卻非常稀有，這正是所謂的「差異化×聚焦」策略。接下來還能透過在咖哩拉麵上加上燒肉、水餃、烏龍麵、蕎麥麵等方式，或是只在熱海市販售等地區限制，更進一步發展差異化的特色。

只有一件事必須留意：即使可以「差異化×聚焦」，但若沒有需求就沒有意義。正如人稱行銷之神的菲利普・科特勒（Philip Kotler）所指出的，「過度差異化就無法形成市場」，換言之，你恐怕會演變成一個誰也不需要的人才。接下來，**假如你有**

興趣的領域是一個利基市場，那麼就放眼世界看看吧！最近部落格也開始對應多語系了，即使是我的部落格，也可以讓美國來的訪客透過自動翻譯的英文版閱讀文章。

透過賺得媒體宣傳，並分析後續反響

接下來，不管你寫出什麼樣的部落格，這都不是你的終點。只要寫了部落格，就用社群網站等社交媒體宣傳出去。我以自己的部落格測試的結果是，**光寫部落格卻沒有用社群網站宣傳，與寫了部落格又用社群網站宣傳，後者的分享數是前者的十倍以上。**

我曾說要組合運用三大媒體類型來建立線上的「我的專屬平台」，這是指將部落格這種自有媒體，透過具有指揮艦功能的社群網站等社交媒體，即賺得媒體，宣傳擴散。

然後，要提高社交媒體上的聯繫，重要的只有一件事，就是自己先向朋友按

「讚」貢獻，所以，**請積極對你覺得有趣的發文按讚吧！**而對於你想聯繫的人，**請好好填寫自己的個人資訊，嘗試用電子郵件向對方訴說你想與他聯繫的原因。**只要認真寫下你讀過他的部落格或社群網站的文章後，具體對哪些地方產生了共鳴，或是讀過對方的書後的感想，大部分的人應該都會願意接受你的請求。

另一方面，好好分析那些宣傳所引起的迴響也很重要。你可以透過谷歌所提供的Google Analytics或Google Search Console等訪客分析或搜尋相關分析服務，來確認你的內容。

Google Analytics是谷歌所提供的網站訪客分析工具，可以免費使用。只要用了這個工具，就能知道你登記在冊的網站，其使用者行為的相關數據，例如「目前網站有多少訪客數？」「這些訪客從何而來？」「訪客是用智慧型手機來訪，還是用電腦？」「訪客年齡層或訪問時段」等等，可以取得很詳細的資料。

首先，要註冊一個用來登入Google Analytics的谷歌帳戶，如果已在使用Gmail等谷歌服務的人可以跳過這個步驟。接著申請一個Google Analytics的帳號，並在上面輸入你欲分析的部落格網址等資訊，獲得一個叫作追蹤碼的標記，再將這個追蹤碼複製貼上該部落格的後台中。如此一來，就能利用Google Analytics來測量各式各樣的數據了。

透過這些分析，就能取得關於你的部落格讀者位於哪個年齡層、哪篇文章比較受歡迎、文章會在哪個時段和順序被閱讀、讀者會在哪裡流失（讀者前往其他網站）、讀者會在同一個頁面待多久時間等資訊。藉由了解這些資訊，去改善你的文章主題或書寫方式等內容。

另一個Google Search Console，它的特色是能夠收集訪客在拜訪你的網站前的數據資料。舉例來說，可以知道你的網站顯示在谷歌搜尋結果的第幾名、這段時間有多少人點擊你的網站連結等比例或人數。

而且，谷歌也會寄來有關應該改善的問題點的通知郵件。比如說，在谷歌的合約規定中，當部落格被貼上不被期望的標籤，或是內容有問題時，他們就會告訴你：「會有懲罰喔，還請盡快改善！」依據個人想法不同，有人會認為一旦註冊，收到懲罰的風險會提高，不過我反而認為應該從中學習改善網站的方法。

尤其是從搜尋結果而來的詳細關鍵字內容（顯示次數、點擊數、刊登排名）是很有幫助的。因為可以從中得知要用什麼關鍵字才能讓部落格被刊登在搜尋引擎上，以及掌握網站排名、實際點擊率或次數等資訊。

可以說，重要的是像這樣一邊靈活運用分析工具，一邊進行改善，而非單單書寫文章而已。

想獲得廣告收入，建議使用WordPress

到目前為止，我們已經解釋了利用免費部落格平台經營部落格的方法，關於另一個之前介紹過的WordPress，也在這邊補充說明吧。近年來人氣驟然高漲的WordPress，是運用一款叫WordPress的免費軟體來架設的部落格，而且據說在SEO（搜尋引擎最佳化）上很有利。

這種方式不但要自己租借伺服器、取得網域名稱，在架設部落格上也要花點工夫；不過它可以自由置入廣告等商用設定，也沒有突然被關站的風險。此外，像是

Google AdSense等工具，只要拿到谷歌的許可就能外掛在部落格上，對於想賺取廣告收入的人，我更推薦這種方式。

Google AdSense是谷歌針對網站經營者所提供的廣告投放服務，可以透過在自己的部落格或網站上刊登廣告來獲得收益。聽說以廣告收入來說，單一個人可獲得的收入是數萬日圓起跳，另外也有人是多人共得數百萬日圓。

部落格的訪客來源，最重要的是來自谷歌或Yahoo!奇摩這種搜尋引擎的流量。據說光這兩者就占了全日本搜尋引擎的八成。最近Yahoo!奇摩也開始採用谷歌的搜尋引擎，所以使網站在谷歌搜尋引擎的實際搜尋結果上顯示在前幾名的策略就是SEO。

好不容易寫了部落格，卻沒人來看就沒什麼意義了，而且也很難有動力繼續寫下去。在這類SEO策略上，WordPress據說十分有利。WordPress可以迅速對應谷歌服務的內容更動，同時也受到紐約《時代雜誌》（*Time*）等歐美平面媒體採用，是現在最能靈活運用的免費軟體。

以前，我曾和社團法人平台策略®協會認定的顧問大久保優，一起針對初學者舉

圖14　免費部落格平台與自行架站的差異

免費部落格平台（Ameba、Livedoor等）

特色：簡單開設；會被插入廣告、通常禁止商用。

自行架站（CMS）（WordPress等）

特色：必須取得網域名稱；可以商用、有利於SEO的規畫。

辦了一場名為「五十歲開始學WordPress講座」的研討會，由於這是主打以一對一小班制的方式，教授從零開始學WordPress，評價相當好。大久保自己也是從六十歲開始學WordPress，現在已然成為一名WordPress達人，而且他的能力甚至厲害到可以在亞馬遜Kindle電子書上出版書籍《為退休後準備的WordPress》（CHIMES）。

與高爾夫這類可以學習的技術一樣，接受熟練的人指導，並實際自己動手完成是最佳捷徑。只要自己有過一次製作經驗，之後在遇到問題的時候，應該就能靠搜尋來解決大部分的疑惑。WordPress常常更新版本，所以最好事先養成在網路上搜尋資訊的習慣。

當然，有預算的人也有外包設計這條路可走。

只要在CrowdWorks外包網這種線上外包網站上發案，約十五到二十萬日圓就能做出一個部落格網站，不過之後也必須持續維護更新，所以會產生相應的成本費用。

現在是個人也能開展副業的時代，為了讓自己也能製作網站，去學一次看看，有了基礎，再選擇是要外包製作部落格，還是自行設計，應該是最理想的狀況。在製作樂天市場的網站之前，樂天的三木谷社長也自己跑去學了HTML等程式設計知識。就算最後沒有實際建構網站，但了解它的機制也很重要。

相較於部落格，電子報的優勢是什麼？

前面已詳細說明有關部落格的部分，接下來輪到電子報了。電子報一般都會使用電子報發送平台。在國外，MailChimp電子報是最有名的，日本則是以「mag2」為大宗。

另外，免費廣告發送平台原則上都會置入廣告，所以也有付費除廣告或直接使用付費廣告發送平台的方式。在mag2電子報平台，讀者登記的郵件地址屬於電子報發送平台所有，電子報撰寫者是不知道的。不過，透過使用OrangeMail或ExpertMail等付費電子報發送平台，就能自己獲得讀者的電子郵件信箱。

還有，有人會為了增加電子報訂閱數，在交換名片後突然向對方的郵件信箱發送電子報，這是很不禮貌的。而且一旦收到電子報的人將其舉報為垃圾郵件，那麼發送這封電子報的伺服器本身的評價就會降低，也可能造成從這個伺服器發送的電子報全部都被判定為垃圾郵件而無法送達。

這種狀況稱為「伺服器被列為黑名單」。所以，電子報只發送給自主登錄為該電子報讀者的人，這樣的做法才能得到好結果。

因此，電子報的讀者登記終究還是要「自主訂閱」（Opt-in），也就是必須取得收信方的同意後才能寄送。基本上，以這種「忠誠粉絲」為對象的話，不僅很少被申訴，也能產生好的結果。

電子報的優勢在於，假設你想在自己的「專屬平台」上銷售什麼東西時，最適合的媒介就是「推式行銷」的電子報。所謂的推式行銷就如同字面上一樣，是從我方發送出去的媒體；反之，「拉式行銷」則是指像網站或部落格這種，讀者自行搜尋而得的資訊。

電子報可以從我方直接寄到讀者的郵件收信匣，很容易引起對方的注意。如果對郵件主旨有興趣的話，開信率就會更高。**想在網路上做生意的人，最後多半都會以提升電子報訂閱量，或是LINE的好友數為目標。**

以賺取收益來說，如果你打算利用部落格增加收入，那麼利用前面提到的谷歌廣告服務Google AdSense是很常見的辦法。只不過，原則上Ameba部落格等企業所提供的部落格服務通常不准許使用這項服務，必須多加留意。

再加上，還有一個以部落格來增加收入的辦法，就是刊登聯盟行銷的廣告。聯盟行銷廣告指的是，在部落格或網站等處介紹某件商品或服務，等到讀者點擊該廣告並消費後，因應其廣告效果而產生收益的成效廣告。

例如「消費」「索取資料」，達成廣告主預先設定的成效時，廣告主就會支付一定的金額。想刊登廣告時，必須向站長（推廣者）與聯盟服務提供商（ＡＳＰ）業者所提供的聯盟行銷系統，申請加入。

聯盟行銷平台有A8.net或LinkShare等諸多服務商，請試著自己找找看適合你部落格的聯盟行銷服務商吧。

在我所使用的Ameba部落格上，聯盟行銷也能使用其內建的亞馬遜、樂天、優衣庫來進行。舉例來說，當觀看你部落格的讀者購買你部落格上貼的亞馬遜商品時，其消費金額的數個百分比就會作為你的報酬，由Ameba部落格的營運公司支付給你。然而，Ameba部落格的情況是返還它們專屬的點數，而不是支付現金。不過也有將累積點數換成亞馬遜紅利等機制。

獲取新顧客的成本是老顧客的5倍

繼續來談使用線上虛擬平台的銷售手法吧！企業直接向顧客提供商品或服務的行銷手法稱為「直效行銷」（Direct Marketing），而將這種思路更進一步發展進化的，是接下來要說明的「直接回應行銷」（Direct Response Marketing）。

直接回應行銷是一種行銷手段，企業透過自家官方網站或部落格，抑或是電視節目等媒介發送資訊，並直接針對其回應，也就是有所反應的顧客提供產品或服務。這種狀況下的顧客反應，有索取資料或詢問等各式各樣的種類，不過既然有反應就是對這項資訊感興趣，所以最後成為客戶的可能性很高。

而針對實際購買商品或服務的顧客，要以「顧客忠誠化」為目標，促使他們繼續購買你的商品或服務。然後假設他們會透過現實交流或社群網站，將這項資訊分享給認識的人或朋友，那麼這些顧客甚至能擔任「這項商品或服務的推銷大使」。也就是說，直接回應行銷是為了產生「集客→教育→銷售→回購→分享」的流程而制定的機制。

換言之，並非以讓對方馬上購買商品或服務為目標，而是要先蒐集關注此事的人的電子郵件信箱等資訊，並將其製作成潛在顧客名單。這與過去的突擊陌生拜訪或對客戶電話行銷等推播式行銷（推銷型經營手法）完全是兩回事。

直接回應行銷與一般廣告的不同之處在於，它不是單方面的傳遞訊息，而是促使顧客產生任何回應，也就是索取資料、詢問、下載資料等具體行動。

舉個例子，有些網路行銷公司會在網路上建立一種網站，讓人可以從中下載像是「提高部落格訪客數的方式」等提供箇中竅門的資料（如PDF檔案），用免費分享這份資料來交換電子郵件、姓名、地址等資料的登錄。作為提供免費贈禮的代價，令對方輸入個人資訊，最終則是以提供自家公司的服務為目的，將潛在顧客名單化，因此直接回應行銷又稱為「名單行銷」（List Marketing）。

然後，潛在顧客的資料稱為潛在客戶名單（Lead），針對這份名單持續提供電子報等資訊，藉此得到顧客的「信任」。在介紹平台策略®時我們也提過，如何取得信任是很重要的，這裡也是如此。各位應該很難想像，突然要讓不知道你的人在你身上花錢。不知道你是什麼樣的人，也不知道有什麼樣的產品或服務，而且這些真的是正確的內容嗎？只要你站在顧客的立場來考量，想必一定會產生相同的感受。

在行銷界中有個說法是「只要接觸次數增加，人的信任度就會上升」。業務員即使沒什麼要事也會在外面跑客戶、遞傳單，正是因為他們要增加接觸次數以取得對方的信賴。即使是線上也一樣，只要不斷對潛在客戶名單提供有益的資訊，顧客的信任度就會逐漸增加。這時最重要的是，絕對不要推銷兜售，而是提供對顧客來說有用的資訊。

將事先安排好的內容分成好幾次寄送的電子報叫作「階段式郵件」（Step Mail）。比如說，**事先設定第一封是給下載資料的對象的禮物，第二封是更有幫助的資訊或自家公司的簡介，第三封是關於自家公司產品與其他公司產品差異的介紹，**在一定時間內，以一週一封這樣的預定時間點，自動發送郵件給名單上的人。

像這樣教育顧客的過程稱為「潛在顧客培養」（Lead Nurturing）。這個階段會在逐漸獲得顧客信任感的基礎上，引導對方最後前往購買自家公司付費服務或商品頁面（又稱到達頁；Landing page）。

達成讓顧客購買商品或參加研討會等銷售目的，就稱為成交。在網路上販賣商品時，有時也會有只在線上就完成所有步驟的情況；其他還有促使顧客參加實體說明會，見面時再執行販售或合約等等，各式各樣的案例都可以列入考量。

然後，就算賣出去了也並非就此高枕無憂。原諒我不斷強調，將有消費的顧客忠誠化，並使其成為老顧客，是很重要的事情。

為取得新顧客所花費的成本，據說是讓既有顧客回購的成本的五倍。光是看到這個數字，應該就能了解持續向既有顧客宣傳是多麼重要的事了吧？

最近的方向發展是，將顧客社群化，使之成為粉絲，然後再讓他們運用社群網站為企業宣傳。不是賣出東西後就結束，反倒是在賣出東西以後，去思考如何讓顧客滿意、形成信任感、繼續消費，並使他們成為持續性的支持者，如今這一點變得尤其重要。

天才銷售員發現的「250人定律」

來介紹一件足以令各位明白老顧客強大的軼事吧。

有一位美國人，在長達十二年間，被金氏世界紀錄認定為「世界最偉大銷售員」。他的名字是喬・吉拉德（Joseph Gerard）。為什麼呢？因為他一天最多賣出十八輛汽車，一個月最多一百七十四輛、一年最多一千四百二十五輛，而且十五年來甚至賣出一萬三千零一輛的汽車。

為何他銷售汽車的數量可以如此懸殊呢？其關鍵字在於「二百五十人定律」（喬・吉拉德、史丹利・布朗著《我的名字叫Money：全世界最偉大銷售員的成功故事》〔*How to Sell Anything to Anybody*〕臺灣繁體版為遠流）。

這條定律是吉拉德發現的經驗法則，意指一個人所擁有的聯繫關係，大致上約二百五十人。換言之，只要某個人說「跟他買很不錯喔！」這句話就會流傳到二百五十人耳中；另一方面，一旦出現差評，便會流失二百五十名顧客。

注意到這條定律的他，建立了一套機制：大量製作名片大小的介紹卡片，並在上面寫下「買車就找吉拉德！」等內容，然後請美容院之類的店家在店內放置這些介紹卡。假如有人看到這張卡片而買了車，就對發送這張卡片的人，也就是介紹人，送出一定數額的謝禮。

舉例來說，你在某間美容院裡拿到了吉拉德的介紹卡，當你之後向吉拉德買車時，吉拉德就會支付一定的謝禮給身為介紹人的美容院。這些成本全都是由吉拉德自掏腰包支出。可以說，他在實體業務中做了與亞馬遜聯盟的聯盟行銷服務一樣的事情。正因為他以最大限度活用人脈網，才有辦法一個人在一天內就賣出多達十八輛的汽車。

而使他成為世界第一的最大原因，其實在於他的客戶有三分之二都是老顧客。他每個月都會手寫信件寄給他的所有客戶。當然，就算對方已經買了車也一樣。

比如說，一月寄新年問候，二月則是情人節的信件等等，總之每個月都手寫一封信寄出去，而且每次的信封大小或顏色都有所變化。他還會在信件最後加註一句「I Like You」（我喜歡你）。

每個月改變尺寸或顏色，是為了避免收信人迅速將信丟到垃圾桶裡。然後發生什麼事了呢？在想換車的時機點，他的既有顧客就會自己聯繫他。因為當人出現需求時，會聯絡最先向自己宣傳推銷的人。實際上，雖然每個月都會收到這些信，但一般人不會去在意自己興趣以外的東西，因此吉拉德才會每個月持續寄信。

此外，只要向吉拉德買車，假如遇到故障，他就會馬上趕來處理，像這樣良好的售後服務也受到好評。畢竟，**人會將信任託付給遇到困難時幫助自己的人。**

我自己也有過類似的經驗。以前我曾經因為剛買的新車晶片鑰匙壞了，半夜被困在熱海的購物中心動彈不得。完全搞不懂呼叫道路救援的機制要怎麼操作的我無計可施，想都沒想就拿起手機打給買車時照顧我的新車銷售業務員，然後他親切周到地向我說明道路救援的方式。雖然最後我是坐新幹線到東京回家拿備用鑰匙解決的，但我忘不了他那份儘管在三更半夜也真摯回應我的恩情。之後，我換新車全都是請那位業務員處理。

很多業務員只將目標放在新顧客的取得上，或許這也無可厚非。然而從這個例子可以明顯看出，那些長期獲得成功的人會重視所有成為他客戶的人。

熟練臉書、ZOOM的運用方法

透過這種方式，要是自己的專業領域能在部落格或電子報受到某種程度的認可，接著也能開始建立付費的專屬平台了。前面我們說過，為了成為「樞紐」或「平台方」，線下就必須仰賴學習會或午餐會。而在線上建構「樞紐」或「平台方」的方式，正是線上社群或是由自己主宰的社群網站。最近很流行所謂的社群行銷，不過我從多年前開始，就將社團法人平台策略®協會認定的管理顧問活動以社群的方式經營了。例如每個月會舉辦實體午餐會，或是與協會認定的顧問一起舉辦聯合研討會，也曾自己出馬擔任特邀講師。

另外，利用臉書上的社團功能，甚至可以隨時回覆諮詢或提問。對我來說，**「全力聲援協會認定的顧問，使其取得更高的成就」是我的動力，從這裡誕生了出版電子書的人、以譯者身分出道的人、成功建立自己平台的人等等。**

關於經營社群或自行舉辦研討會一事，在參加人數多的時候，與參加者發生爭執，或取消時的應對，以及當天的接待等事務頗為繁雜，所以與外面的業者合作也是一種方式。

線上商業社群這種服務，會以有一定支持者數的人為中心運作，例如堀江貴文這樣的知名人士，也就是說，**這是一種類似私人補習班的付費服務，甚至可以說它是付費電子報的進化型。**具備知名度的人可以吸引人潮，這是事實；但實際上只要成員間交流熱烈，就能自發性地組成小型專業會議等組織，交流與討論也會愈發活躍，喚起成員的參加意願。

成立線上社群本身或許沒有那麼難，不過要舉辦實體聚會或延續社群生命，就必須要有相當程度的覺悟與努力。

對於最新的經營竅門、自媒體的建立方式等內容，我會運用一個叫作ZOOM的線上視訊會議系統舉行會議，或是舉辦一場實體午餐會來教學。我當初也曾用過Skype，不過由於它的連線不太穩定，加上多人同時進入會議時會延遲，後來就改成使用ZOOM的付費版。雖然免費版也能使用一部分的功能，不過就算是付費版，一個月也就十五美元左右而已，門檻並不高。

ZOOM的優點在於影片壓縮效率高，即使連線速度變慢也能使用，不會突然斷線。還有它同時可以容納最多五十人的會議，而且影片能存在ZOOM的伺服器或自己的電腦上。

尤其是長時間錄製的影片必須執行一套叫作編碼的轉換程序，還要把影片從伺服器下載下來，這些工作若是在個人電腦上進行，有時一小時的影片卻要花上好幾小時處理。ZOOM可以自動執行這些工作，在影片轉換完成時也會以電子郵件通知。就算是兩個小時左右的影片，也只要三十分鐘就能傳來錄好的影片網址。

有必要的話，也可以下載到自己的電腦上，而且只要點擊網址，還能拜訪ZOOM的伺服器，並以串流傳輸的方式觀看影片。不只是影片，它甚至能同時製作音檔，所以也可以簡單透過手機聆聽。此外也有共享電腦畫面的功能，可以一邊看到參加者和資料一邊展開討論。

即使是針對企業的顧問工作，我也會運用這套ZOOM系統。對雙方來說，最浪費的事情就是移動時間。使用ZOOM，可以使顧問費大幅降低，特別深獲東京以外的新創企業好評。

成功建立我的專屬平台的人這麼說

先來看看在付費平台超級成功的人的案例吧。既是社團法人平台策略®協會認定的顧問，也是FBL大學（健身商業領導人大學：Fitness Business Leader College；〈https://www.fbldaigaku.net〉）校長的遠藤一佳，曾讀過二〇一一年付梓的拙著《個人平台策略》（Discover 21），並以此為契機建立了自己的平台。這些方法在實際上又是如何運用呢？我採訪了遠藤先生。

平野：您是什麼時候創業的呢？

遠藤：創業是在二〇〇七年六月。當初我一邊經營健身社團、進行顧問工作，一邊開始用部落格或電子報來發送資訊。部落格到現在為止，幾乎每天都會更新。

健身行業的問題點在於，許多工作人員「有幹勁，卻不知道方法」，最後陷入「因為不知道方法，做不出成效」「做不出成效，所以提不起勁」的惡性循環，許多人都白忙一場，疲憊不已。

我讀完《個人平台策略》後，從二〇一二年六月開設由我公司主辦的研習會，展開每月巡迴東京、名古屋、大阪的行程。我再次確信，儘管現場工作人員都有認真學習領導或管理的強烈需求，但健身業卻無法提供一個空間，好讓他們充分學習這些知識或技術。

為了斬斷這個惡性循環，使更多人實際感到「健身」是個「很棒的工作」，我在二〇一三年十一月設立了FBL大學。

平野：現在都在做什麼樣的工作？

遠藤：融合線上講座與實體學習空間的「商業領導人養成企業」。FBL大學則是它的平台。

線上講座每個月有三次，會發布自我成長力、商業專業能力、針對現在發生的事件案例研究，總共三種講座訊息。以線上為主，是為了排除地理和時間的束縛。各場講座都會有「紅筆習題」考試，每次都要交卷並回饋檢討。

實體學習空間則是每月一次的追蹤複習研討會、定期的研習會，除此之外還會舉辦每月一次的聯誼交流會、一年一次的集訓、尾牙等活動。再加上，在其他企畫中實施主題論文或讀書論文制度，多方鍛鍊商業領導人必備的能力。

平野：什麼事會讓您覺得很辛苦呢？

遠藤：開頭進行得還算順利，好像沒有什麼特別辛苦的事。不過我原本在資訊科技上不是很厲害，所以一開始花了一點工夫去建構會員網站之類的線上系統。

我覺得受不了的，反而是必須不斷開發每月三支講座影片（各約六十分鐘）。為了產出高品質的作品，我投資在學習上的時間比以前更多，每場講座的教科書製作也花費很多時間和勞力。說是這麼說，但是因為可以感覺到自己「正在幫助某人」是很有意義又幸福的事，所以與其說辛苦不如說是開心吧！

平野：簡單來說，你認為你成功的重點是什麼？

遠藤：我也不知道我是不是成功了⋯⋯不過我認為是，藉著持續使用部落格或電子報發送資訊，增加了能與我產生「共鳴」的夥伴。我以「擺脫支配」為主題持續撰寫部落格。然而，只有「擺脫支配」的話，就會吸引一些無法適應組織管理的不成熟的人。畢竟那不是我的主旨，所以我傳達出一個強烈的訊息：「要擺脫支配，就必須持續學習，並且不斷實現你的成果。」於是對此有所共鳴的人就更多了。

平野：您是怎麼吸引顧客的？

遠藤：雖然我總是說「先聚集，再吸引」，不過在開設FBL大學時，我只在部落格和電子報上告知這項訊息，結果卻有許多健康相關業界人士前來參加。我想，依據自己的人生觀和信念，孜孜不倦地持續發送資訊，並能藉此建立共鳴，這就是我成功的關鍵。

我認為遠藤先生的成功案例有很大的參考價值。他透過部落格穩定發送資訊，並與身邊的人產生共鳴，單單靠著評論即成就一個擁有超過一百名付費會員的個人專屬平台。此外，每月會員費約一萬日圓，如今已有一百五十名以上的會員了。

遠藤先生在舉辦研習會的前五年，每天勤奮地更新部落格。有句諺語說「羅馬不是一天造成的」，穩定發送資訊，很快就能讓自己建立起一個「我的專屬平台」。

最終章

打破日本的僵直網絡

日本の硬直したネットワークを打ち破ろう

管理學如何看待「民族性」？

只有世界頂尖學府才會教的人脈術，從理論篇到實踐篇都已經全部告訴各位了。將這種思想當成一種知識來理解固然重要，不過終究還是要去實踐，才會產生真正的價值。希望各位一定要一步步完成「我的專屬平台」，將「適用於百歲人生時代的最強資產」牢牢掌握。

因此在最終章，我們就稍微改變一下視角吧。這一章我想談的是，在學術上也尚未建立起穩固理論的部分。但是我有種感覺，要是迴避這個部分，就無法講到真正意義上的人脈理論。

不限於管理學，無論是經濟學或是社會學，各種理論的前提都是它們有一定的普遍性。因此，把在哈佛商學院討論的管理學傳到日本，或是讓日本銀行仿效美國聯準會（全名為聯邦準備理事會，Federal Reserve Boar, FRB）所採用的貨幣寬鬆政策，這些做法都有其疑慮。

假設將這些理論分別在美國和日本實施，結果真的會一樣嗎？

那些因為太模糊不清、難以捉摸，而被當作變數排除在各種理論外的東西，就是**「民族性」**。然而我們也無法否認，各國的行為模式會隨著這種「民族性」產生巨大的差異。在二〇一八年俄羅斯FIFA世界盃足球賽的淘汰賽上，日本隊遺憾地輸給比利時隊後，將休息室打掃得乾乾淨淨才離開。雖然全世界的人都為此事感到驚訝，但對日本人來說是很平常的事，應該不少人都是這麼想的。

對於這種民族性，在管理學的學術上還無法完全將其差異納入理論之中。在為數不多的研究成果中，吉爾特・霍夫斯塔德（Geert Hofstede）的對策是，將各式各樣的國家文化（民族性）以量化測量並指數化。霍夫斯塔德對ＩＢＭ公司在全世界四十個國家，共十一萬名員工展開關於行動模式和價值觀的問卷調查，於一九八〇年研究出可以用數值表現出該國文化和民族性的「霍夫斯塔德指數」。

又或是，最新的管理學理論中，還有一種叫作意義建構理論（Sensemaking）。簡單來說，每個人各自對這個世界所擁有的主觀理解，會強烈左右這個人的行為。所以人類並非去追求唯一一個絕對客觀的理解方式，他的合理性會受到各自的解釋或既有的世界觀影響。而意義建構理論就是以這些條件為前提來思考經營策略。

基於這些理論，據說美國企業現在招募了文化人類學者進駐企業中，藉此推動以各國文化差異為本的經營策略。

如此一來，在思考「日本的民族性」是什麼，並考察擁有這種民族性的人的羈絆關係為何後，或許我們應該追尋一種態度——將其當作變數之一，未來該如何活用這世界級的人脈術？

對那些總是追求精深細緻理論的學者來說，大概連去討論這些論述都需要一點勇氣。不過也正因為它沒有什麼限制，我才能在做好被批評的覺悟下，一邊大膽地整理問題，一邊試著繼續談論這個話題。

穿長褲就不像小學生了嗎？

首先從我自己的故事開始說起吧。我強烈意識到日本的民族性，是在年幼時期。因為父親工作的關係，我在美國的伊利諾州出生，三歲時曾回國一次，之後搬到加拿大的首都渥太華居住，七歲時才再度回到日本。

這是我剛進入日本小學讀書後沒多久的某天所發生的事。我穿著在渥太華的小學常穿的衣服去日本公立小學上學，然後在校門口被一個應該是老師的人叫住：

你是小孩，所以不可以穿長褲喔！

因為是很久以前的事情了，我記得不是很清楚，不過對方應該是想說：「穿長褲不像小孩子，在冬天也穿短褲才像個小學生。」事實上，那所學校幾乎所有的小孩在冬天也都穿著短褲。

加拿大是寒帶地區，小學生穿長褲是基本的，所以我沒看過穿短褲的小孩。我當時無法理解老師說的話，回家後跑去問我母親：「為什麼一定要穿短褲？」我仍記得母親那不得要領的回答，那時我第一次注意到：「『因為大家都這樣』，在日本是很重要的。」若不是歸國子女，恐怕很難認識到這種文化差距吧？

在那之後，我時常在各式各樣的場合面臨這種文化差異。比如說，在加拿大小學裡，學習知識時一定會問「你怎麼想」，試著尋求個人意見；這時，要從主詞「我認為」開始回答。但是日本的小學幾乎都是問你「答案是什麼」；當然，回答的方式是「正確答案是……」

這時一定不能用「我」當主詞，而是要回答全體一致的「正確答案」。這並非一定誰好誰壞，只是這個事實在我當時幼小的心中留下「日本跟加拿大有一些沒什麼道理的差異」的印象。

《縱向社會的人際關係》這本名著教我們的事

為什麼加拿大與日本在思想或優先順序上有這麼大的落差？能夠生動地回答我這項疑問的，是我大學時發現的一本書——《縱向社會的人際關係》（臺灣繁體版為水牛）。

這本名著已經在全世界十三個國家發行翻譯版，出版冊數也超過一百一十七萬冊，所以知道它的人應該很多吧。從一九六七年出版發行後，業已過了五十年，此書與丸山真男的《日本人的思想》（岩波新書）、伊薩亞・班達桑又名山本七平的《日本人與猶太人》（角川文庫）、野中郁次郎等人《失敗的本質：日本軍的組織論研究》（臺灣繁體版為致良）並列，可以說是一本論述日本人的新經典。

在訪談中，作者中根千枝說了以下一段話：

我的一位老友，芝加哥大學的教授跟我說：「女性才寫得出這本書。因為日本的男性深陷於縱向社會的結構中，寫不出這樣的內容。」我從小學高年級開始，在父親任職律師的北京住了六年左右。身邊有的不只是中國人，還有其他國家的人，所以覺得這很正常。

（二〇一四年十一月二十四日《產經新聞》）

是的，中根小姐也跟我一樣是歸國子女，而且她是以女性客觀的角度，來分析一般認知上以男性為中心的日本社會結構，正因如此才有辦法展開一場不帶有任何偏見的討論吧。

中根小姐說，她以民俗學與人類學家的身分，進行從東北到鹿兒島的農村調查時發現，關東與關西地區雖然在文化、風俗、食物、祭典等處有所差異，但人際關係、團體內的決策流程卻是一樣的。之後，她在研究以印度為首的世界各國社會結構時，注意到一件重大的事實：印度是種姓制度、英國是階級制度，這些是在相同階級中具有聯繫功能的「橫向關係」；與其相反，日本社會常常是「縱向」的狀態。

這裡所說的「縱向社會」，到底是什麼？為了明白它的內容，必須先去了解「場所」這個概念。《縱向社會的人際關係》中，中根小姐對「場所」提出以下解說：

> 日本人對外（面對外人）說明自己的社會地位時，比起表明自己的資格身分，更喜歡優先表達自己所屬的「場所」。他會先講自己是A公司或S公司，而非說自己是記者或工程師。

這裡補充一下，這種場合下的「場所」是指「公司名稱」或「組織」，「資格」

則是「職務」或「身分」。中根小姐在這邊指出：「場所，亦即公司或大學的框架，在社會的團體結構、團體認知上具有很大的作用；而個人所擁有的資格，則被視為次要問題。」我們在第三章曾說過，建構平台時的「信任」非常重要；在這一層意義上，日本在可否「信任」的基準上，也是以「場所」來進行判斷。

舉例來說，只要你是大企業的員工，銀行就會高高興興地貸款給你；但離開企業自行創業的人，甚至連在銀行開戶都很麻煩，就算是現在這個時代也一樣，這是這個國家的真實情況。

在求職上，日本與國外也有著極大的差異。據說長久以來，美國研究所最優秀的畢業生都是自行創業；雖然我覺得在日本，這種傾向也漸漸強烈起來，不過只要看到求職人氣榜就知道，現在公務員仍是最受歡迎的職業，銀行或貿易公司等大企業緊隨其後。從這個結果也能看出，**日本人無意識地追求一個可以讓自己歸屬其中的組織，也就是「場所」**。

那麼，重視這種「場所」的日本人的思考方式，是以什麼為基礎呢？

中根小姐指出：

深根於日本社會之中的一種潛在而特殊的團體認知，其理想狀態是以傳統而且滲透到日本社會各角落的普遍概念——「家」（家庭）為明確的代表。

所謂的「家」，是一個生活共同體。例如經營農業就是一個經營體。家，是由「家庭成員」（多數場合是由家長的家庭成員組成，不過有時候也可以包括家庭成員以外的人）所組成的一個清楚明確的社會集團單位。

日本有「繼承家業」的說法，不過原則上來說是由長男作為家長守護家庭，次男以下的人都要離開家裡。個人透過「家」這個單位與社會連結，也可以認為是「每個人都無法直接面對社會」的一種表現。原本近年來小家庭化的結果，使得連同長男在內的孩子統統都有離開家的傾向，然而由於父母看護等慢慢成為社會問題，那些曾經離開家的小孩又再跑回家的情況似乎也不少。

無意間將「我方」與「外人」區分開來的文化

重視這種「場所」的行為，換言之，或許也可以說日本人無意識地將自己的「場所」與除此之外的其他東西區別開來。中根小姐將其評為區分「我方」與「外人」的文化。

以日本企業為例，公司將員工視為「我方」，像家人一樣納入自己的羽翼下，並以終身僱用制為基本原則；另一方面，對自家公司員工以外的人則當成「外人」，有排斥的傾向，這樣解釋的話應該就很好懂了吧？以格蘭諾維特的理論「弱連結的力量」來說，或許可以用這樣的方式來表現：日本人視為「我方」的組織會形成「強連結」。

但是，如第一章所述，日本企業裡非典型勞工的比例已達到四成，而現在，即使在同一家公司，也出現正式員工為我方、非典型員工是外人的新型劃分方式。

那麼，像這樣具備一體感、團結力強的組織，它的優勢在於人人心意相通，所以管理層的想法很快滲透到底層人員之中，促使他們展開行動，也就是所謂適合快速成長期的組織。聽說體育系的人才在經商類的公司很受歡迎，其主要原因大概也是在於他們很容易適應這種日式組織。

然後，在這些「我方」之中，明顯「縱向」的組織得以發展。用好懂一點的方式來說，它可用首領與下屬之間的關係，或是所謂的官僚組織來作為象徵。其中存在著縱使具備相同的「資格」，也仍有「差別」的設定，藉此形成更細微的排序。這種結構不用我說，大家都知道會產生多少問題，例如由年紀或派系掌握話語權的組織，或是得看前任臉色而無法實施改革的管理者等等。同時，它也衍生出「槍打出頭鳥」「總之先配合別人」的這種日本人的風氣，這是無庸置疑的。

在第一次讀到中根小姐的書時，我就這麼想：我小學時注意到我的那個老師，也是在無意識下介意我這個「穿著長褲，不配合別人的小孩」吧。

在公司這種大型團體下「抱團」的小團體

在《縱向社會的人際關係》出版兩年後的一九七八年，中根小姐出版了可視為其續集的《縱向社會的力學》（講談社學術文庫）。在這本書中，中根小姐提出一個將個人與社會的研究進度更推進一步的「小團體」概念。

在日本，跟個人比起來，小團體更能以一個基本單位來活動。她指出，這些小團體的特徵在於各自擁有既得利益，並為此獨立行動。而在日本的組織中，小團體的領袖被當成是比大型團體領袖更重要的存在。原因在於，日本社會是以個人單位的團體來參加，多半只能透過小團體（五到七人）的方式實現。就算是隸屬於一個大型團體，也是經由這個大型團體下的小團體參與其中。

小團體提供了對個人的社會化來說最重要的場所，個人的社會生活或人際關係的形式將由小團體養成，因此身為其成員的個人，甚至會被要求整個人從裡到外都必須參與團體之中。換言之，這個小團體在結果上會變成一個非常堅固的「強連結」組織。

至今，仍有大多數日本企業會準備單身宿舍或員工宿舍，還會舉辦運動會、公司福利、員工旅遊等等，用像家人一樣的方式與員工往來。這是一個早上在員工餐廳一起吃飯，晚上仍由相同成員一起前往常去的店喝酒的社會關係。也可以這麼說：藉由在公司這種大團體底下的小團體，形成了一個「村落」。

中根小姐指出，這類小團體實在太強大、太堅固了，所以在日本企業中，有時候經理級的員工聽從總經理下達的命令，但底下的課長級員工卻採取別的動作。也就是說，比自己的直屬上司（小團體的領袖）更高階的人的命令，常常沒有人願意執行。不容置疑的是，這也是培育出現場的自主獨立性，在製造業中以「改善」機制為代表的日本企業的優勢。

雖是這麼說，但在現在這個時代，隨著政治判斷或金融經濟的發展，企業環境轉眼改變了。日本式的領導者太過依賴現場的強大而失去決策力，這種負面影響反而超越了正面影響，這就不用多說了吧。

科技的進步將改變社會的價值觀

如上所述，小團體各自擁有不同的權益，因此能使這些小團體朝一個方向齊心協力的，是在外面有敵人的情況下。只不過，一旦決定這次對抗外敵的方針並予以行動，那下一次就無法中止這項行動了。畢竟如果在這時提出反對意見，就可能出現被「村八分」制裁的危險。

在上一次大戰中，無論是中途島海戰也好，瓜島作戰也好，為什麼從客觀的角度來看，舊日本軍竟然會不斷重複那些魯莽無謀的戰略，然後因此敗北呢？從這個問題意識出發，有系統地分析舊日本軍的不朽名著《失敗的本質：日本軍的組織論研究》，書中所描繪的日本軍輕視眼前的情報，只靠「應當論」[18]就把曾經決策過的方針貫徹到底，完全停止思考。

當初明明是少數人的意見，但聲音大的人，或以威力脅迫他人的這些少數人的

18 **應當論**「應當這麼做」「應當會發生」，是一種重視原理或理想狀況的理論。

意見，逐漸向周圍擴散，大部分的人在看到這種情況時，也不會反抗上頭的指示或聲音大的人的意見，於是隨波逐流。比起成果，更傾向以企圖心或幹勁來評價；比起合理的判斷，更注重對組織成員上下關係的考量，結果造成整個組織學習進步的障礙。甚至可以說，日本式組織最糟糕的一面、最壞的方向，都由上次大戰的舊日本軍表現出來了。

日本企業被批評為「不擅長發揮像第三章講述的平台策略®那樣的創意，導致全世界的平台都被美國企業所掌控的狀況」。不過，借用中根小姐的話來講，我認為在「我方」和「外人」關係的影響下，與外面企業合作消極的這一點，或許才是其重要因素。

雖是這麼說，但我對現狀並不悲觀，也不打算對千篇一律的日本論展開長篇大論的批判。感覺絕大多數的上市公司都會實施公司內的進修活動，跟多年前比起來，日本企業已有相當程度的危機感，公司上下挑戰新事物的風氣也愈來愈強盛。過去的知名企業一個接一個沒落，在這樣的環境變化下引發人的危機感；再加上，單一個人可以透過社群網站這類進步的技術，開始擁有與縱向全然不同的橫向關係，這些變化應該都會還原到組織身上。

幾年前，我看了一部電影《鐘點戰》（*In Time*）。這是在二〇一一年公開上映，由賈斯汀・提姆布雷克（Justin Timberlake）、阿曼達・塞佛瑞（Amanda Seyfried）演出的美國科幻電影。

透過改良基因，可以使人類從二十五歲開始就不再變老，不過卻也因此，讓時間成為一種貨幣。人人手腕上戴的手錶會顯示自己剩下多久的人生。一旦上面所顯示的數字歸零，人就會死。貧民階級的區域與富裕階級所生活的街道被隔離，要去其他街道就必須用時間來支付過路費。但是，也能從別人那裡偷走時間。住在貧民街上的主角救了某個富裕階級的男人，這個男人將一百一十七年的時間送給主角後就自殺了。以母親的死為契機，主角為了破壞這套系統而奮鬥……約略來說是這樣的內容。

這部電影有趣的地方是，它暗示了「隨著科技進步，社會價值觀也會有所變化」一事。社會分化發展到了極致，對富裕階級來說，有限的時間才能成為衡量價值的基準，而非原本的金錢。從中國秦始皇時代人類就有所謂長生不老的慾望，搖身一變成了社會價值的中心，這種價值觀的轉換就在電影的世界裡發生了。

當然，因為是科幻電影，這樣的社會到底離我們的真實世界有多遠也是未知數。不過我覺得將其作為一項思考實驗來看十分有用。

從中央集權到分散共享——虛擬貨幣的本質

就算已經有一個叫作「貨幣」的東西，但隨著科技的進步，所謂「金錢」的價值觀也愈來愈多樣化，這件事應該是不言而喻吧。

並非證券交易所審查的首次公開發行（Initial Public Offerings, IPO），而是像運用區塊鏈技術的首次代幣發行（Initial Coin Offering, ICO）一樣，企業自行發行硬幣以募集巨額資金的機制，還有以比特幣為首的虛擬貨幣，都在急遽擴張。在日本以外的國家，虛擬貨幣被稱為「加密貨幣」（Crypto Currency）。「Crypto」是密碼，「Currency」則是貨幣的意思，所以也有人譯成「密碼貨幣」。

雖然還有許多令人質疑的部分，其投機的問題點也被指摘出來，不過這些貨幣的共通點在於，作為信用擔保的並非中央銀行或證券交易所這種國家機構或類似機關。賦予信用的是眾人的監視，也就是藉由所有人都照看它的方式令其可信，這一點十分新穎。從「上頭說沒問題，所以可以信任」的世界，到「所有人都認可，所以足以信賴」的世界，可以說產生了翻天覆地的變化。

所謂的貨幣，指的是可以達成一般的交換與支付手段、價值的尺度、價值的儲藏方式這三個功能，而且是由各國的中央銀行，在日本則是日本銀行所發行的東西。然而以極端的論述來說，虛擬貨幣是任何人都能發行的。

如同希臘危機一樣，歐洲各國和拉丁語系國家的違約（債務不履行）風險都被提出來。在這個狀態下，相較於將信用託付給國家這種中央集權式的存在，一般人的評價更為可信——這個世界的思路正在逐漸朝這種方向發展也說不定。

即使參考麥肯錫（McKinsey & Company）二〇一七年的報告，也同樣指出一件事，那就是將來銀行的競爭對手是亞馬遜、阿里巴巴、樂天這些所謂的平台企業，以下引用原文：

原因在於，平台企業和顧客具備最堅固的關係，它為顧客提供數十萬可於虛擬/實體店面使用的點數或電子票證，向會員發行成千上萬的信用卡。而且從租屋到證券仲介，他們提供了各式各樣的商品與服務。還經營日本為數不多的大型線上旅行入口網站。樂天的即時通訊App「Viber」，在全世界擁有八億人以上的使用者。銀行究竟要怎麼打這場仗？（中略）在美國，對千禧世代來說，亞馬遜已是生活不可或缺的App；千禧世代中七三％的人認為，比起銀行，由谷歌、亞馬遜、第三方支付平台Paypal、行動支付平台Square來提供新的金融服務更好。

隨著區塊鏈的出現，「貨幣」的核心型態正在向國家以外的競爭者，甚至是所有的企業、個人的方向改變，這個變化正以確實又猛烈的速度發生。以大致的脈絡來說，可當作是中央集權到分散共享的轉換。

掌握橫向關係，活用年輕世代的力量

從中央集權到分散共享，這種大時代的潮流不僅改變了貨幣，也使我們的生活在工作模式、工作環境，甚至是溝通方式等各種面向上產生了變化。連大企業也認可遠端工作或副業的潮流已然誕生，或許能說未來學家艾文・托佛勒（Alvin Toffler）曾談到的產銷合一者（Prosumer：組合生產者〔producer〕和消費者〔consumer〕的自創詞，指進行生產行為的消費者）的概念終於要實現了。

然後，隨著這些技術的進步而走向分散化的潮流，應該也會影響到日本的「縱向社會」。

二〇〇〇年以後出生的千禧世代，是所謂的「數位原生代」（Digital native），從懂事開始就在理所當然用傳統手機或智慧型手機和朋友往來的世界成長。對他們來說，對朋友的想法或照片按讚、立刻分享自己有共鳴的事物等社交型生活方式，是很自然的行為。擅長擴展自己與他人之間的網絡的這個世代，如今正要進入仍殘存縱向社會痕跡的日本企業之中。

換句話說，**擁有橫向聯繫的世代正走進縱向社會的人際關係之中。**比起物品或金錢這種物質上的價值，他們更喜歡被同伴稱讚的生活方式、為了實現夢想而簡單不浪費的生活方式，並且認為能對社會產生貢獻的生活方式很炫。這種熟習建立橫向網絡的世代，我認為正是一個可以充分發揮日本縱向社會的能力，同時又會在其中注入新氣息的存在。

反過來說，若不借用身為數位原生代們的力量，就難以改變早已被縱向社會的序列豢養的日本企業。日本人工智慧研究第一人的東京大學副教授松尾豐指出，資訊技術人才的巔峰是二十幾歲的人。正如松尾先生的強烈批判，不去用傳統年功序列[19]的價值觀壓迫這些有能力的世代，而是考量該如何解放他們的能力，或許這就是日本企業今後所要面對的課題。

舞臺已經準備好了，就差跨出第一步

就像世人所說的一樣，為了加速推動這種變化，必須要有多樣性（diversity）和包容力（inclusion）。多樣性就是善用各種種族、國籍、性別、學歷等各式各樣的人才，具體來說就是去錄用女性或外國人。然後，近年來廣受矚目的是包容力這個概念。英文直譯的話是包括、包含的意思，不過其實它指的是一種狀態，在這種狀態下所有員工都有參與籌畫工作的機會，每個人各自的經驗、能力、想法都能被認同，並且充分運用。

人才的多樣性與個別員工的充分運用，隨著這兩項做法在制度面上推動，日本企業應該就能發揮潛力到最大極限。

在這個過程中，終身僱用或年功序列等概念可能會漸漸成為過去式。反過來說，這意味著公司不再是一個需要照看日本人到退休的存在。**不是從學校畢業、進**

19 **年功序列** 以年資或職位論資排輩，來訂定薪水的標準。

入公司，然後工作到退休的「單一人生」，而是永遠都要重新學習、不斷挑戰新事物的「斜槓人生」，從現在開始，這種意識型態的轉變會變得更重要。

因此，以個人來說必須要有的態度並非是「依附」企業，而是從周遭事物出發，去思考有什麼事情是必要的，然後貪婪地學習新事物，形成不斷變動的生活方式，也就是擺脫「單一人生」。比一般人還要先行一步實踐這種生活方式的我，可以很有自信地告訴各位它的重要性。

現在是只要有幹勁，誰都可以不必花錢就能學習的時代。磨課師（Massive Open Online Course, MOOCs）指的是一種大規模開放的課程，任何人都能在網路上免費聽課。現在可以在網路上，透過磨課師聽取哈佛大學等世界頂尖學府的課程。具體來說，提供哈佛大學和麻省理工學院等學校課程的「ｅｄＸ」，以及史丹佛大學教授們創立的「Coursera」等等，請有興趣的人一定要去看看。

透過這些技術積累實力的同時，也要充分活用自己所擁有的人脈網。不只年輕人應該從現在開始更加拓展自己的網絡，老一輩也不該放棄。從我的經驗來看，我認為創業最好的年齡是四十五歲左右。當來到這個歲數，大部分的人都已經建立起相當數量的個人人脈了。這些豐富的人脈或經驗，將成為可以對年輕人提供寶貴建議的「本金」。

真正的高齡世代，能夠為年輕人帶來相對充足的經驗與建構縝密的網絡，而且哪裡會有「代溝」，反倒可能出現「隔代合作創新」呢！

最後再強調一次。現在這個時代，不管線上虛擬也好，線下實體也好，環境造就個人的程度都是有史以來最高的時代。那為什麼我們不去選擇善用它，為自己過上一個最棒的人生呢？變化並不是危機，反而是將你的人生引導到新階段的巨大機會。舞臺早已準備好，接下來，就只剩踏出那一步了。

結語

おわりに

世界のトップスクールだけで教えられている最強の人脈術

突破同溫層的社群人脈學：

把自己當作平台，建立有效人脈網

結語

おわりに

感謝各位讀到本書的最後。

儘管我覺得自己真是寫了一本別處都沒有的書，不過我想我已經在本書正文中充分放入那些我無論如何都想告訴各位的東西了。如果要再複述一次，那就是「不問個人特質」是網絡理論的特色。而且各位讀者其實已經擁有本書所介紹的人脈網了，像是學生時代的朋友、公司的同事、客戶、在社群網站上聯繫的人等等，可以善用這些已知的聯繫，來取得新的能力。藉著科技的力量，並在其中利用槓桿使它更加強大。

最後我還有一件事想告訴各位，那就是「什麼時候開始都不遲」。持續學習，才能發現新的觀點，讓自己的世界更加開闊。

八十歲開始學寫程式，八十一歲以女兒節為題研發出一款iPhone應用程式「hinadan」的若宮正子，不曉得各位有沒有聽過呢？

在蘋果公司每年於加州聖荷西舉辦的開發者活動「全球開發者大會」（Worldwide Developers Conference, WWDC）的主題演講上，若宮正子被介紹為「最年長的遊戲應用程式開發者」；之後甚至在二〇一八年二月受邀前往聯合國大會發表主題演說，應該有人看過這些報導吧。

若宮正子從高中畢業後就在銀行工作到退休，之後她用六十歲時拿到的退休金第一次買了電腦，並從八十歲開始學習寫程式。這樣的態度引起全世界的共鳴，人人為此感動，在我聽到這則新聞時，又再度感覺到「學無止境」的奧妙。

當你想著「好，開始做吧！」的時候，這一刻正是你行動的時機。希望本書可以成為推你一把的助力。

平野敦士卡爾

二〇一八年九月　於熱海露臺

主要參考文獻

さんこうぶんけん

世界のトップスクールだけで教えられている 最強の人脈術

主要參考文獻

さんこう ぶんけん

第1章

《二十一世紀資本論》（托瑪・皮凱提著，臺灣繁體版為衛城出版）

《平台策略》（平野敦士卡爾、安德烈・哈奇伍著，東洋經濟新報社）

第2章

《用中午一小時成就超級人脈！午餐聯盟的教科書》（平野敦士卡爾著，德間書店）

《笨嘴拙舌也沒關係，用一小時跟任何人都變得要好的技巧：午餐千萬別一個人吃！》（平野敦士卡爾著，GOMA BOOKS）。

《結構洞：競爭的社會結構》（羅納德・S・博特著，哈佛大學出版社）

《建立人脈的科學》（安田雪著，日本經濟新聞社）

《社會網絡分析發展史》（林頓・C・弗里曼著，創作空間獨立出版）

《複雜網絡》（增田直紀、今野紀雄著，近代科學社）

《連結：網路新科學》（亞伯特—拉茲洛・巴拉巴西著，珀修斯圖書集團）

《數字愛人：數學奇才保羅・艾狄胥的故事》（保羅・霍夫曼著，臺灣繁體版為臺灣商務）

第3章

《新・資本論：挑戰看不見的經濟大陸》（大前研一著，東洋經濟新報社）

《社會策略：如何從社交媒體中獲利》（皮斯科斯基著，普林斯頓大學出版社）

《媒介：多元平台的新經濟》（大衛・S・伊凡斯、理查・史馬蘭奇著，哈佛大學商學院出版社）

第4章

《讓我們對「羈絆」一探究竟》（安田雪著，光文社新書）

第5章

《為退休後準備的WordPress》（大久保優著，CHIMES）

《我的名字叫Money：全世界最偉大銷售員的成功故事》（喬・吉拉德、史丹利・布朗著，臺灣繁體版為遠流）

《個人平台策略》（平野敦士卡爾著，Discover 21）

最終章

《縱向社會的人際關係》（中根千枝著，臺灣繁體版為水牛）

《縱向社會的力學》（中根千枝著，講談社學術文庫）

《失敗的本質：日本軍的組織論研究》（戶部良一、寺本義也、鎌田伸一、杉之尾孝生、村井友秀、野中郁次郎著，臺灣繁體版為致良）

突破同溫層的社群人脈學：
把自己當作平台，建立有效人脈網
世界のトップスクールだけで教えられている 最強の人脈術

作者	平野敦士卡爾（Hirano Atsushi Carl）
譯者	劉宸瑀、高詹燦
主編	陳子逸
設計	許紘維
校對	渣渣
發行人	王榮文
出版發行	遠流出版事業股份有限公司
	100 臺北市南昌路二段 81 號 6 樓
	電話／(02) 2392-6899
	傳真／(02) 2392-6658
	劃撥／0189456-1
著作權顧問	蕭雄淋律師
初版一刷	2019 年 7 月 1 日
定價	新臺幣 350 元
ISBN	978-957-32-8570-0

遠流博識網 www.ylib.com 

國家圖書館出版品預行編目（CIP）資料

突破同溫層的社群人脈學：把自己當作平台，建立有效人脈網
平野敦士卡爾著；劉宸瑀，高詹燦譯．
初版．臺北市：遠流，2019.07
256 面；14.8 × 21 公分
譯自：世界のトップスクールだけで教えられている 最強の人脈術
ISBN：978-957-32-8570-0(平裝)

1. 職場成功法 2. 人際關係

494.35 108007349